创新思维与创新方法

史小华 张 苏 杨 阳 韩 冰 ◎ 编

燕山大学出版社

·秦皇岛·

目　　录

第1章　绪论 ··· 1
　　1.1　发明问题及方法概述 ·· 1
　　1.2　TRIZ 体系 ··· 5
　　1.3　TRIZ 解决问题模式 ··· 7
　　1.4　发明等级 ··· 8
　　1.5　TRIZ 中的创新思维 ··· 11

第2章　功能分析与裁剪 ·· 32
　　2.1　功能分析 ··· 32
　　2.2　裁剪 ··· 47

第3章　因果分析 ·· 58
　　3.1　因果分析概述 ··· 58
　　3.2　因果分析的常用方法 ·· 63
　　3.3　基于功能模型的因果链分析 ··· 64

第4章　资源分析 ·· 73
　　4.1　资源概述 ··· 73
　　4.2　资源分类 ··· 74
　　4.3　资源分析与利用 ·· 85

第 5 章 冲突解决理论与方法 …… 89
- 5.1 通用工程参数 …… 90
- 5.2 40 个发明原理 …… 94
- 5.3 阿奇舒勒矛盾矩阵 …… 125
- 5.4 技术冲突的解决方法 …… 126
- 5.5 物理冲突的解决方法 …… 132

第 6 章 物质-场模型与 76 个标准解 …… 140
- 6.1 物质-场分析 …… 140
- 6.2 物质-场模型 …… 143
- 6.3 76 个标准解 …… 147

第 7 章 科学效应 …… 160
- 7.1 效应 …… 160
- 7.2 TRIZ 中的效应 …… 163

第 8 章 技术系统进化理论 …… 166
- 8.1 技术系统概述 …… 166
- 8.2 技术系统进化的四个阶段 …… 166
- 8.3 S 曲线和产品成熟度分析 …… 168
- 8.4 TRIZ 进化定律与进化路线 …… 173

第 9 章 方案汇总与评价 …… 185
- 9.1 方案评价概述 …… 185
- 9.2 多准则决策矩阵 …… 186
- 9.3 基于 TRIZ 的方案评价 …… 191

第 10 章 专利相关知识 …… 193
- 10.1 专利检索与挖掘 …… 193

10.2 专利申请与保护 ·· 196
10.3 应用 TRIZ 进行专利规避与布局 ····························· 204

附录 功能与科学效应和现象对应表 ·························· 208

第1章 绪　　论

1.1　发明问题及方法概述

目前,已知的促进创新的方法约有几百种。大量企业实践案例证明,这些方法对于提升创新效率起到了重要的作用。

1.1.1　创新方法的起源与发展

人类在漫长的进化、发展进程中,逐步掌握了大量社会和自然的规律。人类的每一次重大进步,无不是对客观规律、知识和经验的创造性应用。创新始终都是科技进步和经济发展的不竭动力。唯物辩证法认为,规律是事物本身固有的、本质的、必然的、稳定的联系。规律是客观的,它既不能被创造,也不能被消灭。创新活动作为一项实践活动,也必然会遵循基本的创新规律,如果能够掌握这些规律,并对这些规律加以总结,一定会形成促进创新活动的方法。

事实上,很多专家也一直针对创新活动进行研究,探索不同阶段创新活动的规律,取得了丰富的研究成果。古希腊著名哲学家亚里士多德提出了归纳演绎方法。后人运用这种方法,对实验结果进行归纳,或者把综合的、复杂的问题分解成简单的要素与若干部分进行研究,收到了非常好的效果。

方法是对客观规律的把握与反映,是科学的外在表现。人类通过劳动与实践,认识到客观的科学规律,对规律的运用则形成了方法,应用方法可以提升效率,减少不必要的资源损失。人们从更高层次上逐渐归纳创新的规律性,在此基础上形成了创新方法。

自从熊彼特提出创新概念以来，创新引起了越来越多学者的关注，对创新的研究逐渐系统化。现代创新方法是在对创新规律的研究中总结出来的。虽然目前国内外并没有关于现代创新方法的统一概念，但是创新方法一般具有如下特征。

（1）与人类的创新活动或创新行为直接相关。创新方法作为辅助工具，依托于科研、开发、生产等创新活动，方法的应用必须能够有效提升创新活动的效率，或者提升创新成功的概率，或者降低创新风险。

（2）应当有比较规范的流程，有科学的内在机理。创新方法应当具备可操作性，应用情境与应用流程应当清晰，能够用相应的理论来解释创新方法的作用。例如：方法对思维强度的作用，方法对搜寻域与搜寻速率的影响机制，等等。

（3）有较强的普适性，可以在不同的行业中应用。创新方法必须具有普适性，能够通过培训、引导在不同的行业和企业中应用，并且能产生可监测的效果。

（4）有明确的提出者和相应的研究者。创新方法应当有明确的提出者，其提出者可以是个体，也可以是组织。应当在相当大的范围内得到认可，且有一定数量的研究者继续研究并实践。

（5）有较多的成功应用案例。不管哪一种创新方法，都应该有足够的成功应用案例，否则很难得到认可。

创新科学原理是所有创新方法发挥作用的基础。创新方法之所以能够发挥重要作用，是其内在机理作用的结果。创新方法的内在科学机理包括以下四个方面。

（1）创新方法能够提升创新主体的思维强度。研究表明，人类的思维活动受心理因素、生理因素影响。如个体思维受到启发、目标即将达成或者在竞争性氛围中时，大脑会获得一个非常强烈的激励信号，思维强度会有比较大的跃升。例如，头脑风暴法把个体置于一个竞争性的氛围中，可以显著提升个体的思维强度，各种新奇的创意往往能够快速产生。

（2）创新方法能够明确创新目的。在很多情况下，难题无法得到解决是因为没有弄清楚问题的根源，这样也就无法确定解决方案所在的区域，盲目试错会浪费很多资源和时间。一些创新方法有详细、科学的问题解析流程，可以清楚问题的根本原因，对于解决方案所在方向和区域作出科学的判断，从而能够提升找到解决方案的效率。典型的创新方法如"5 why"、"5W2H"、功能搜寻、TRIZ中的IFR（ideal final result，最终理想解）等，都将重点放在问题解析与解决方案搜寻方面。

（3）创新方法能够扩展搜寻域。进入21世纪后，知识工程在辅助创新活动方面发挥了重要的作用，大数据、云计算、人工智能等都取得了长足的发展。这些工具使得人们可以从自己的经验和领域中跳出来，从其他领域乃至更大的知识库中去寻找答案，极大地扩展了搜寻域。

（4）创新方法能够提升搜寻方案的效率。除了以上工具外，还有很多创新方法可提升搜寻方案的效率。这些创新方法能够避免创新者掉入"思维""设计""研发"的陷阱，用更加科学、系统、逻辑的方法来指导创新活动，缩短搜寻路径，节约搜寻时间。如TRIZ就是一个非常科学的逻辑性的创新方法。

1.1.2 TRIZ的起源与发展

"TRIZ"的拉丁文是teoriya resheniya lzobreatatelskikh zadatch，其英文是theory of inventive problem solving，缩写为"TIPS"。TRIZ在我国通常被翻译成"萃智"或者"萃思"，还经常被翻译成"发明问题解决理论"。该理论是由苏联发明家根里奇·阿奇舒勒（G. S. Altshuler）于1946年在分析研究世界各国250万份专利的基础上，研究发明原理及其规律之后提出来的。

从被提出至20世纪80年代中后期，TRIZ仅封闭于苏联本国。从1985年开始，早期TRIZ专家中的大部分移居到欧美等国家，TRIZ在这些国家受到重视，从而得以迅速普及与发展。1989年，阿奇舒勒集合了当时世界上数十位TRIZ专家在彼得罗扎沃茨克建立了国际TRIZ协会，阿奇舒勒担任首届主席。国际TRIZ协会从建立至今一直是TRIZ最权威的学术研究机构。

总的来说，TRIZ的发展历史可以分为以下几个阶段。

1. 发育阶段

发育阶段从1946年阿奇舒勒开展专利分析工作开始，到1980年结束。

在这个阶段，基本上是阿奇舒勒一个人在工作，其他人仅是临时协助。阿奇舒勒建立了 TRIZ 的基础，提出了经典 TRIZ 的一些基本概念，开发出了经典的 TRIZ 工具。1980 年，第一次 TRIZ 专家会议的召开，标志着这个阶段的结束。

2. 成熟阶段

1980 年，在彼得罗扎沃茨克召开的 TRIZ 专家会议，使得 TRIZ 迅速引起了苏联相关专家学者的关注，很多人纷纷参与到 TRIZ 学习、研究和实践工作中来，出现了第一批专职 TRIZ 研究人员，创办了很多 TRIZ 学校，这极大地促进了 TRIZ 的完善和成熟。人员和机构的加入，进一步促进了 TRIZ 的实践、验证和改进工作。TRIZ 首先在工业领域得到应用和验证，随后人们开始尝试将 TRIZ 应用到工业以外的领域。1989 年，阿奇舒勒成立了国际 TRIZ 协会并担任首届主席。

3. 扩散阶段

20 世纪 90 年代，随着苏联解体，大量 TRIZ 专家移民到了美国、欧洲等地，创办了一系列公司，典型的如 Invention Machine 等。这些公司提供研发咨询服务，开发相应的计算机辅助创新软件。从这个阶段开始，苏联以外的其他国家的工程师才开始了解到这一理论，宝洁、三星等成为最早学习、应用 TRIZ 的大型企业。

4. 应用阶段

21 世纪以来，TRIZ 在一些大型企业逐渐取得相应的应用成果，起到了明显的示范效应，更多的世界知名大公司开始引入 TRIZ，并在内部推广，如通用电气、西门子、飞利浦、英特尔、浦项制铁等公司。2007 年以来，科技部、国家发展改革委、教育部、中国科协共同推动了创新方法工作，TRIZ 在我国得到了深入的研究和应用，很多大型国有企业、民营企业开始引入 TRIZ，大大提升了创新能力。

1.2 TRIZ 体系

1.2.1 TRIZ 的依据

阿奇舒勒通过对发明专利的大量研究，发现创新或者是发明创造是有规律可循的。在某一领域中被视为创新性问题而被提出的技术问题，往往在其他技术领域已有类似问题得到解决，也就是说，不同领域的问题解决，采用的核心原理或关键技术可能是一样或者类似的。总结创新的规律性，有如下三个具体表现。

（1）问题及其解在不同的行业部门及不同的科学领域重复出现。

（2）技术系统进化模式在不同的行业部门及不同的科学领域重复出现。

（3）发明经常采用不相关领域中已存在的效应。

这些规律表明：多数创新或发明不是全新的，而是一些已有原理或结构在不同领域的新应用，这些应用解决了很多产品在创新过程中的难题，对创新设计具有指导意义。

1.2.2 TRIZ 的体系框架

图 1.1 所示为经典 TRIZ 的体系框架。随着 TRIZ 在实践中的应用，一方面 TRIZ 研究者在开发新的工具，另一方面 TRIZ 研究者也在不断地吸收借鉴其他领域的成果，TRIZ 也在不断地更新与发展。但作为初学者，有必要先学习 TRIZ 中经典工具的应用。

TRIZ 系统可分为概念层、分析方法层、问题解决方法层和系统化方法层。随着信息技术的发展，TRIZ 系统在总体上还有计算机辅助创新系统支持。

概念层是 TRIZ 各方法总的来源。TRIZ 主要通过世界知识库与专利库总结得到了各种分析与解决问题的方法。

分析方法层是各种问题分析工具的集合，这些工具用于问题模型的建立、分析和转换。常用的问题分析工具包括功能分析、冲突分析、物质－场分析、理想解分析、资源分析等。

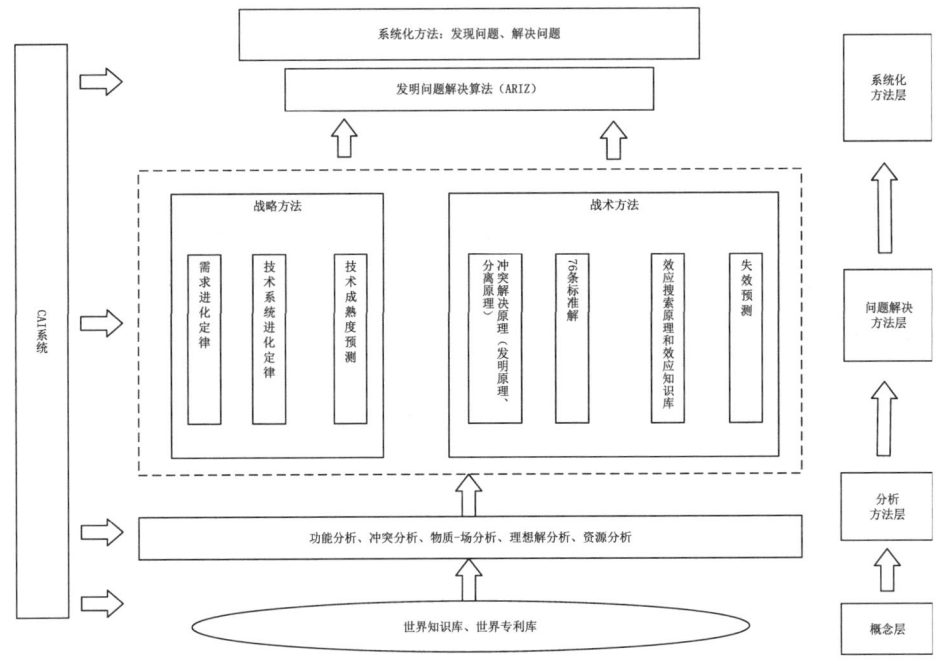

图 1.1　经典 TRIZ 的体系框架

问题解决方法层是各种基于知识的工具，以解决对应分析转换得到的问题。根据创新问题的不同，可分为解决具体技术问题（原因导向型问题）的战术方法和解决系统长期发展问题（目标导向型问题）的战略方法。典型方法如冲突解决原理（发明原理、分离原理）、76 条标准解、效应搜索原理、效应知识库和技术系统进化定律等。

TRIZ 中包括系统化分析、解决问题的过程，也就是发明问题解决算法（algorithm for inventive-problem solving，ARIZ）。该算法采用一套逻辑方法逐步将初始问题程式化，并特别强调冲突与理想解的程式化。一方面，技术系统向着理想解的方向进化；另一方面，如果一个技术问题存在冲突需要克服，该问题就变成了一个发明问题。

由于 TRIZ 是一种逻辑性很强的创新理论，所以当前也有一些计算机辅助创新系统可在很大程度上提升创新效率。

1.3 TRIZ 解决问题模式

正确利用 TRIZ 来解决问题，重点是熟练掌握两类工具：一类是问题分析工具，另一类是问题求解工具。TRIZ 解决问题的基本原理就是避免用自己的经验来直接寻解，而是利用问题分析工具将技术问题转化为 TRIZ 问题，然后依靠问题求解工具来形成 TRIZ 解的模型，最后形成具体的解决方案。所以说，TRIZ 是一种逻辑性、系统性的创新理论，有自己的解题流程。这种逻辑性的解题过程，一方面使复杂的问题分解成简化、专业的问题，降低每一步的解题难度；另一方面让工程人员克服思维惯性，避免直观经验的不自觉使用，跳出思维陷阱，避免解决问题中的盲目试错，引导工程人员在更广阔的领域寻找解决方案，最终得到高质量的解决方案。TRIZ 解决问题的一般流程如图 1.2 所示。

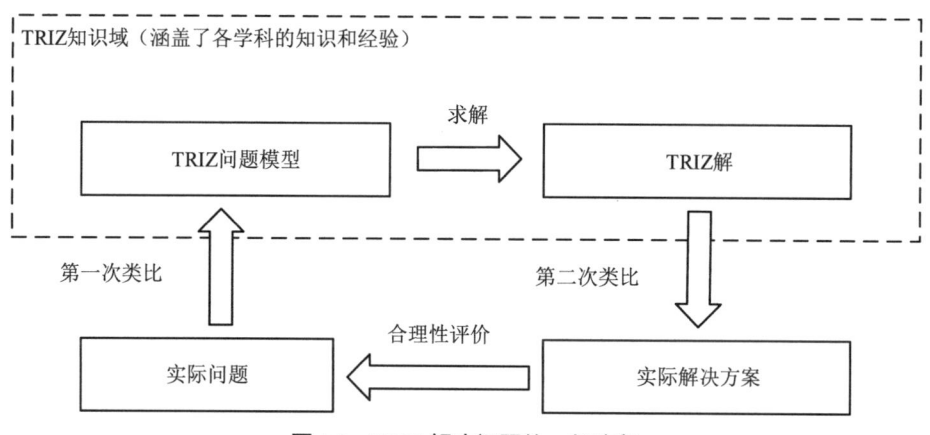

图 1.2 TRIZ 解决问题的一般流程

例如，焦化厂的工程技术人员提出焦炭在出炉后迅速熄焦，方便焦炭运输，避免焦炭烧蚀传送装置和运输车辆。经过分析，目前的熄焦工序存在熄灭不均匀、不彻底的问题。经过问题分析，发现熄焦的本质是对焦炭进行均匀降温，某些因素导致降温介质与焦炭接触不均匀。这样，熄焦问题就转化为一个"如何均匀冷却物体"的 TRIZ 标准问题。

在实际工作中，大多数工程技术问题是原因导向型问题，对于此类问题，按照 TRIZ 解决问题的一般流程操作，包括以下四步。

（1）问题描述。描述问题的表象、发生条件等，包括系统功能、现有系统工作原理、当前系统存在问题、出现问题的条件和时间、类似问题解决方案、新系统的要求等。

（2）问题分析。应用 TRIZ 中的问题分析工具对问题进行深入分析，找到问题产生的根本原因，确定冲突区域（确定要解决的关键问题），明确设计目标，并对系统进行资源分析。所用的分析工具包括功能分析工具、因果链分析工具、鱼骨图分析工具、最终理想解分析工具、资源分析工具、裁剪工具等。

（3）问题求解。围绕问题的类型，选取对应的问题解决工具对问题进行求解。经典 TRIZ 中，问题解决工具包括 40 个发明原理、76 个标准解、功能导向搜索、知识效应库、ARIZ 算法等。应用这些工具，结合工程领域知识，提出若干具体的解决方案。

（4）方案评价。针对解决方案，从功能效果、经济性、技术可行性、技术进化趋势、社会效果等方面进行综合评价。还可以将多个方案组合成一个方案，最后确定最终的解决方案。

1.4 发明等级

TRIZ 对发明等级的划分是公认的较为科学的。阿奇舒勒及其团队通过对 250 万份专利进行分析，发现不同的发明专利内部蕴含的科学知识、技术水平都有很大的区别和差异。在以往未对这些发明专利的具体内容进行辨识时，很难区分出其知识含量、技术水平、应用范围和重要性等。TRIZ 主要根据发明专利对科学的贡献、技术应用范围及其带来的经济效益等对发明等级进行分类。在科技迅猛发展、创新活动繁荣蓬勃、创新成果层出不穷的今天，这种发明等级分类方法对于提升发明的创新程度和价值评价来说仍具有重要的意义。

TRIZ 发明等级划分的内容和标准按照创新程度从低到高依次对应第 1～5 级，如表 1.1 所示。

表 1.1 TRIZ 发明等级划分

发明等级	创新程度	标准	试验次数	比例	知识来源
第 1 级	明确结果	并未解决系统矛盾	数次	32%	个人知识
第 2 级	局部改进	稍加改进了现有系统,通过移植相似系统的方案解决了系统矛盾	数十次	45%	行业内的知识
第 3 级	根本改进	从根本上改变或消除了至少一个主要系统组件来解决系统矛盾,解决方案涉及某一个工程科学	数百次	19%	跨行业知识
第 4 级	全新概念	运用跨学科的方法解决了系统矛盾,开发了新系统	数千次	<4%	跨学科知识
第 5 级	重大发现	解决了系统矛盾,拥有了一个开创性的发明(往往是根据最新的发现得出的)	数百万次	<1%	最新产生的知识

第 1 级:最小型发明,或者说常规设计。多数为参数优化,一般通过常规设计对已有产品系统进行简单的改进,或对产品系统的单独组件进行少量变更,但这些变化不会影响产品系统的整体结构。一般来讲,要经过不超过十次的试错尝试可以达成。该类发明并不需要任何相关领域的专门技术或知识,解决问题可以仅凭设计人员自身的知识和经验完成,创新性极低。这类发明创造或发明专利约占所有发明创造或发明专利总数的 32%。

例如:通过加厚玻璃来减小热损失;在关键位置采用加强筋来提高结构强度;用承载量更大的重型卡车代替轻型卡车,以降低运输成本和改善运输成本效率;等等。

第 2 级:小型发明。对已有产品系统进行少量改进,使产品系统中的某个组件发生部分变化。改变的参数有数十个,即以定性的方式改进产品。常采用折中法解决问题。一般来讲,可能要经过百次以内的试错尝试可以达成。创新过程中运用本行业知识,通过与同类产品系统的类比即可找到创新方案。这类发明创造或发明专利约占所有发明创造或发明专利总数的 45%。

例如:在焊接装置上增加一个灭火器,可以及时降低焊接点温度或提高安全性;斧头或螺丝刀采用空心手柄,可以储存钉子或螺丝刀头;冷暖空调一体机可以实现改变空气的温度;等等。

第3级：中型发明。对已有产品系统进行根本性的改进，系统的几个组件可能会发生全面变化。其中，要有上百个变量得以改善，如果用试错法尝试，成本将会巨大。创新过程需运用领域外的知识，但不需要借鉴其他学科的知识。这类发明创造或发明专利约占所有发明创造或发明专利总数的19%。

例如：计算机鼠标的出现，汽车上用自动传动系统代替机械传动系统，移动通信设备的更新换代，等等。

第4级：大型发明。运用全新的原理对已有产品系统的基本功能进行创新，创造出新的事物。解决问题主要从科学的角度而非单纯从工程角度出发，需要对数千个甚至数万个变量加以改善，且需要综合其他学科领域知识方可找到解决方案。这类发明创造或发明专利占所有发明创造或发明专利总数的比例不足4%。

例如：内燃机的发明，集成电路的形成，激光设备的出现，充气轮胎的产生，记忆合金的应用，等等。

第5级：特大型发明，主要是指由于新科学发现、新科学原理的出现而发明的一种新系统。一般是先有新的发现，建立新的知识，然后才能广泛地运用。这类发明创造或发明专利占所有发明创造或发明专利总数的比例不足1%。

例如蒸汽机、激光、电灯、核反应堆等的首次发明。

人们在创新活动中，遇到的绝大多数发明都在第1级、第2级和第3级范围内，这类较低等级的发明起到不断完善原始技术的作用。虽然高等级发明对于推动科学技术的进步具有重大意义，但这个级别的发明数量相当少。

TRIZ对发明等级的划分，使人们对创新的水平、获得发明成果所需要的知识以及发明创造的难易程度等有了一个量化的概念。对应的五个发明等级中：第1级发明只是对现有系统的改善，并没有解决技术系统中的任何矛盾，其成果其实谈不上创新，更不具有重要的参考价值；第2级发明和第3级发明解决了矛盾，可以看作创新；第4级发明并不是对现有技术问题的解决，而是采用某种新技术代替原有技术；第5级发明利用科学领域发现的新原理、新发现来推动现有技术系统达到更高的水平，但这对于工程技术人员来说太困难。

总体来看，发明等级越高，完成该等级发明时所需的知识和资源就越多，涉及的领域就越广阔，搜索和积累所需知识与资源的时间就越长，需要投入的研发精力也越大。而随着人类的进步、社会的发展和科技水平的提高，某个创新发明的等级也会随着时间的推移而降低，逐渐易于为人们所熟悉和掌握。

1.5 TRIZ 中的创新思维

1.5.1 思维惯性

思维是人脑对客观事物的本质和事物之间内在联系规律性所作出的概括与间接的反应。心理学家与哲学家都认为，思维是人脑经过长期进化而形成的特有功能，是一种复杂的心理现象。人脑对客观事物的本质属性是靠人的感官形成的感知觉，而对事物之间内在联系的规律性所作出的概括与间接的反应，则是运用思维的结果。例如，人们通过视觉、触觉等感官能认知下雨，但通过思维概括出对流、冷凝等规律。在人类对客观世界的认知过程中，思维使人达到了对客观事物的理性认识，发掘了事物的本质，构成了人类认识的高级阶段。

思维惯性又称思维定式、惯性思维，就是我们在思考相似问题时，往往会在大脑中形成一种固定的思维过程和思维方式。思维惯性对于人们思考问题及事物是有一定益处的，它可以帮助我们减少思考的时间成本，使我们"熟能生巧"，快速解决雷同问题。但在创新过程中，思维惯性会对思考产生阻碍，限制产生新的思维方向，所以思维惯性往往被认为是创新思维的拦路石。

思维惯性有多种类型，常见的有经验型、权威型、从众型、书本型、术语型等。

（1）经验型思维惯性

经验型思维惯性是指人们认为在长时间的实践活动中所取得和积累的经验，非常值得借鉴和重视。在创新思考中，人们受到以往经验的束缚，往往会墨守成规、失去创造力。

经验是人类在长期的实践活动中获得的主观体验和感受，是理性认识的基础，在人类改造世界的过程中发挥着重要作用，是人类宝贵的精神财富。

在思维过程中，人们经常习惯性地根据已获得的经验去思考问题，但经验往往并未充分地反映出事物发展的本质和规律，从而制约了创造性思维的发挥。我们需要对宝贵经验和经验型思维惯性进行区分，克服思维惯性，提高思维灵活变通的能力。

（2）权威型思维惯性

权威型思维惯性是指这样一种思维模式：凡是权威所讲的观点、意见或思想，不论对与错，一般人多不假思索地予以接受。权威型思维惯性是思维惰性的表现，是对权威的迷信、盲目崇拜与夸大，属于权威的泛化。权威型思维惯性的形成来源于两方面：一方面是不当的教育方式，另一方面是社会中广泛存在的个人崇拜现象。我们要正确区分权威与权威型思维惯性，坚持实践出真知，摆脱权威型思维惯性的束缚。

（3）从众型思维惯性

从众型思维惯性是指没有或不敢坚持自己的主见，总是顺从多数人的意志。从众是一种普遍存在的心理现象。例如，我们经常在超市的某个柜台前看到排着长长的队伍，就会下意识地认为一定是商品打折优惠，便会走进队伍当中。从众型思维惯性通常存在于日常生活中，我们在思考问题时要对从众型思维惯性加以警惕和破除，不要盲目跟随；应具备心理抗压能力，在科学研究和发明过程中要有独立的思维意识。

（4）书本型思维惯性

书本型思维惯性是指认为书本上的一切都是正确的，盲目崇拜书本知识，不敢质疑任何，把书本知识片面化、夸大化。

书本知识对人类所起的积极作用是显而易见的，但有些书本知识并未随着社会的发展而得到及时有效的更新，存在一定的滞后性。如果一味地认为书本知识都是正确的或严格按照书本知识指导实践，而看不到书本知识与现实世界之间的反差，就会束缚自己的思考，形成书本型思维惯性，严重影响创造性思维的发挥。对于书本知识的学习，需要掌握其精神实质，活学活用，不能当作教条死记硬背，更不能作为万事皆准的绝对真理。

（5）术语型思维惯性

术语型思维惯性是指人们经常会遵循本专业领域对术语的定义和理解。

术语是在特定学科领域用来表示概念称谓的集合，是通过语言或文字来表达或限定科学概念的约定性语言符号，是思想和认识交流的工具。根据理解的难易程度，可以简单地将术语分类：专业性很强的术语，如跳水动作305D；通用术语，如传感器、电阻；功能术语，如支撑物、洗衣机、储存罐；日常术语，如绳子、铁锅、棍子；等等。

语言学研究表明，人们会不自觉地按照不同的语言表达内容，以不同的方式组织信息，因此在阐述发明问题时，应避免过多地使用专业性较强的术语，否则不仅会令不同领域专家产生理解上的困难，而且可能会使人们在思考问题时陷入术语的思维惯性。

思维惯性是提高人们创造能力的障碍，为了消除这种障碍，需要有意识地打破自己固有的思维习惯。很多专家从思维方式层面给出了一些建议，如培养平行思维、发散性思维、逆向思维、形象思维等，但是这些建议是总体性和方向性的，对于初学者来说，需要很长时间的训练才能做到，而且没有一定的方法，操作性不强。为此，TRIZ提供了一系列帮助打破思维惯性、实现积极思维的方法。

1.5.2 九屏幕法

九屏幕法是TRIZ为了解决系统矛盾、克服思维惯性而采用的一种创新性思维方法，也是寻找和利用资源解决现实问题的一种有效工具，具有可操作性、实用性强的特点。九屏幕法能够帮助我们从结构、时间以及因果关系等多维度对问题进行全面、系统的分析，即该方法不仅研究问题的现状，而且考虑其过去、未来和子系统、超系统等多方面的状态。

可以实现某个功能的事物（产品或物体）都可以看作一个技术系统，简称系统。技术系统是相互关联的组成部分的集合。若组成部分本身也是一个技术系统，则被称为子系统。子系统可以是零件或部件。系统处于超系统中，超系统是系统所在的环境，环境中与系统有相互作用的部分可以看作系统工作环境中的超系统组件。

九屏幕法就是以空间为纵轴，考察"当前系统"及其"组成（子系统）"和"系统的环境（超系统）"；以时间为横轴，考察上述三种状态的"过去""现在"和"未来"。这样，就构成了被考察系统至少九个屏幕的图解模型。九屏幕法是 TRIZ 重要的系统分析工具之一，如图 1.3 所示。在产品开发设计调查中，用户在现实生活中遇到的实际问题为当前系统，系统之外的高层次系统为超系统，系统所包含的因素为子系统，然后分别对当前系统、子系统和超系统的过去和未来进行研究分析，可发现用户的隐性需求。

超系统的过去	←	超系统	→	超系统的未来
当前系统的过去	←	当前系统	→	当前系统的未来
子系统的过去	←	子系统	→	子系统的未来

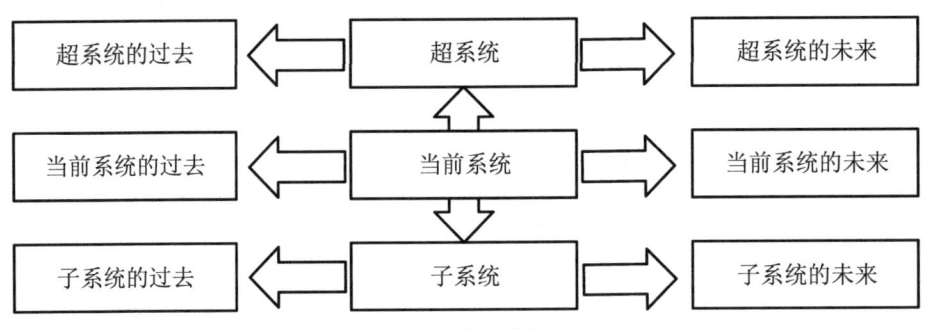

图 1.3　九屏幕法

九屏幕法从时间轴向和空间轴向两个维度对当前系统进行全面分析，从而获得对当前系统的全面认识，进而推导出系统未来的理想模型或确定通向理想解的路径。通过实践应用和分析发现，TRIZ 的技术系统进化法则与九屏幕法的分析过程存在密切的联系：九屏幕法分析过程处处体现着系统进化的思想，各进化法则分别在九屏幕法的六条时空轴线上发挥作用，并沿着九屏幕法的不同子路线引导思维的方向。

例如，人们在日常外出聚会活动中，经常会遇到与别人喝同一包装的瓶装水，一段时间后，常分不清楚哪一瓶才是自己的。直接丢弃或再来一瓶，会造成水资源的浪费。开发怎样的产品可以避免产生这样的问题呢？

根据九屏幕法分析问题，如图 1.4 所示。①当前系统：针对问题本身——快速区分自己的与他人的瓶子；②当前系统的子系统：属于产品本身的包装纸，同时包装纸也能向用户传递该产品的品牌文化、企业精神及产品本身等相关信息；③当前系统的超系统：装流动液体的容器；④系统的过去：泥陶烧制的陶瓷及玻璃制品；⑤系统的未来：通过个性定制，每个人都有属于自己的瓶子或者杯子；⑥子系统的过去：用符号来区分标识，或是根本不具有区分作用的标识；⑦子系统的未来：不用标识来区分，瓶子本身可显示；⑧超系统的过去：远古人类用树叶、植物果实的外壳、竹子等天然材料；⑨超系统的未来：智能化供应水，或者人体内自动根据需要补给水。

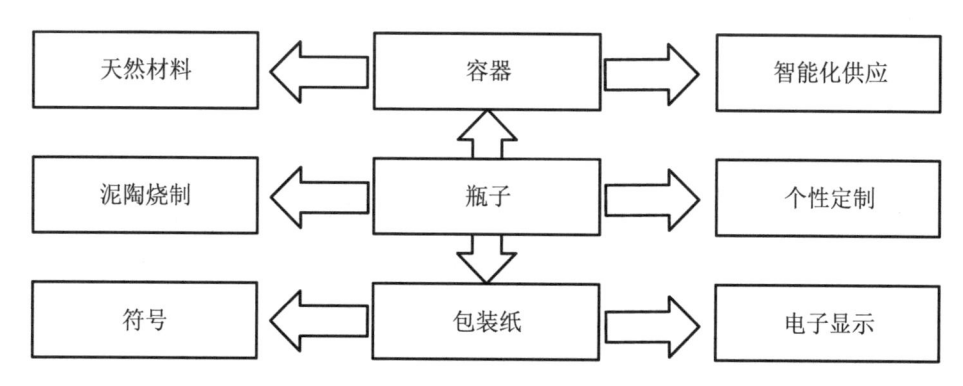

```
天然材料  ←  容器  →  智能化供应
泥陶烧制  ←  瓶子  →  个性定制
符号      ←  包装纸 →  电子显示
```

图 1.4　瓶子问题的九屏幕法分析

针对每一个格子，考虑现有可利用资源，针对所有系统的现在和未来，选择可利用的解决技术。在现有的瓶子上，从包装纸及容器本身进行优化设计，无限接近个性定制的智能化供应。

通过对问题作九屏幕法分析之后，找到明确的设计方向。通过对问题本身的构成、使用者、环境和社会等四个方面因素进行思维碰撞，激发灵感，形成了最初的十个想法，分别是：①瓶身外包装纸上层采用刮刮乐形式，刮出自己喜爱的形状或字母，可用于区分；②厂家在瓶子包装的原始状态就予以区分，比如包装纸上印有时下潮流用语；③改变瓶盖本身的颜色，用户在最初购买的时候就选择自己喜欢的颜色；④每个人的指纹是独一无二的，如果可以采用指纹解锁，别人打不开便会放下，然后去寻找属于自己的水；⑤包装纸上本身带有密集排列的气泡膜，用户在捏破气泡膜的过程中享受乐趣，且可以随机组合捏出自己喜欢的形状；⑥包装纸上有如邮票般的针孔可撕区域，用户可沿着规律排列的针孔撕出规整数字或形状；⑦瓶盖上设计不同颜色或者不同形状的可撕便利贴，用户可选择撕下便利贴，贴在瓶身的不同位置，如瓶子全部放在一起，也能一眼就发现属于自己的那一个；⑧瓶身上的包装纸印有不同数字，用户可选择不同数字，随后径直撕下整个包装纸，反转粘贴；⑨瓶身某一区域是可变形材质，用户可随意造型；⑩瓶盖本身有不同的造型，可结合十二生肖、十二星座或者其他可辨识的形体加以区分。

通过九屏幕法，找到明确的设计方向，有效解决了在相同的包装下用户快速找到属于自己的瓶子问题。以人为本，将设计应用于生活，为生活服务，验证创新方法在设计过程的重要性及必要性。培养设计师严密的创新思维，打破思维惯性，提高创新能力。

1.5.3　STC算子法

STC算子法是一种非常简单的工具，通过极限思考方式想象系统，在做思维实验时，将尺寸、时间和成本因素进行一系列变化，打破思维定式。STC的含义分别是：S——尺寸，T——时间，C——成本。从尺寸、时间和成本三个方面的参数变化来改变原有的问题，使原有的问题发生转变。通常人们在解决技术问题时对系统已非常了解和熟悉，一般对研究对象有一种"定形"的认识和理解，而这种"定形"的特性在尺寸、时间和成本方面尤为突出。此种"定形"会妨碍人们清晰、客观地认识所研究的对象。STC算子法可以帮助人们找到解决问题的新思路，其基本思想是将待改变的系统（如汽车、飞机、机床等）与STC建立关系，以打破思维惯性，得到创新解。

STC算子法就是对一个系统自身不同特性（尺寸、时间、成本）作单独考虑，而不考虑其他两个或多个因素。一个产品或技术系统通常由多个因素构成，单独考虑相应的因素会得到意想不到的想法和方向。

1.5.3.1　用STC算子法思考问题的流程

应用STC算子法通常需要理解尺寸、时间和成本的内涵。

尺寸：一般可以考虑研究对象的三个维度，即长、宽、高。但尺寸不仅包含上述含义，同时延伸的尺寸还包括温度、强度、亮度、精度等，以及变化的方向。它不仅包含几何尺寸，而且还包含了可能改变任何参数的尺寸。

时间：一般可以考虑是物体完成有用功能所需要的时间、有害功能持续的时间、动作之间的时间差等。

成本：一般可以理解为不仅包括物体本身的成本，还包括物体完成主要功能所需各项辅助操作的成本以及浪费的成本。

最大限度地改变每一个参数，只有问题失去物理学意义才是参数变化的临界值。需要逐步改变参数的值，以便能够理解和控制在新条件下问题的物理内涵。运用STC算子法通常按照下列步骤进行分析。

步骤1：明确现有系统。

步骤2：明确现有系统在尺寸、时间和成本方面的特性。

步骤3：设想逐渐增大对象的尺寸，使之无穷大（$S \to \infty$）。

步骤4：设想逐渐减小对象的尺寸，使之无穷小（$S \to 0$）。

步骤5：设想逐渐增加对象的作用时间，使之无穷大（$T \to \infty$）。

步骤6：设想逐渐减少对象的作用时间，使之无穷小（$T \to 0$）。

步骤7：设想增加对象的成本，使之无穷大（$C \to \infty$）。

步骤8：设想减少对象的成本，使之无穷小（$C \to 0$）。

步骤9：修正现有系统，重复步骤2～8，并得出解决问题的方向。

这些试验或想象在某些方面是主观的，很多时候它取决于主观想象力、问题特点及其他一些情况。然而，即使是标准化地做这些试验，也能够有效地消除思维定式。

1.5.3.2 应用STC算子法思考问题时经常出现的错误

有效、正确地使用TRIZ工具是解决技术问题的关键。应当在使用过程中尽可能地避免错误，为解决技术问题奠定良好的基础。在运用STC算子法时，工程师容易出现以下错误。

一是在步骤1中，对技术系统的定义和界定不清楚，会导致在后续的步骤中研究对象不统一。同时，还应该注意不改变初始问题的目标。

二是在步骤2中，对研究对象的三个特性，即尺寸、时间、成本的定义不明确，造成后续分析问题时没有找到解决问题的方向。

三是需要对每个想象试验分步递增、递减，直到物体新的特性出现。为了更深入地观察新特性是如何产生的，一般每个试验需分步长进行。步长为对象参数数量级的改变（10的整数倍）。

四是不能在没有完成所有想象试验时担心系统变得复杂而提前中止。

五是STC算子法使用的成效取决于主观想象力、问题特点等因素，需要充分拓展思维，冲破原有思维的束缚，大胆地展开想象，不能受到现有环境的限制。

六是不能在试验过程中尝试猜测问题的最终答案。

七是 STC 算子法一般不会直接获取解决技术问题的方案，但它可以让工程师获得某些独特的想法和方向，为下一步应用其他 TRIZ 工具寻找解决方案作准备。

1.5.3.3　STC 算子法应用案例

锚是船只锚泊设备的主要部件，用铁链连在船上，抛在水底，可以使船停稳。锚是安全和希望的象征，但随着现代造船工业的发展，对于吞吐量几万甚至几十万吨的巨型船只，锚显得没有那么安全和可靠。锚的安全系数一般是指其提供的牵引力（系留力）与其自身重量之比，一般不低于 10～12，但是这种理想效果只有当海底是硬泥的时候才能达到。当海底是淤泥或者岩石时，锚爪是抓不住的。怎样才能明显提高锚在海底的系留力呢？下面按照 STC 算子法的步骤逐步进行分析。

步骤 1：明确现有系统。

目前存在的问题是由于海上运输的需要，船只的自重随着技术水平的不断提高而增加，这就要求锚的系留力也必须相应地增加。系统由锚、船只、绳索等组成。超系统包括海水、海底等。研究对象较为明确，就是锚。但是，"锚"这个词能使人联想起一些特定的解决方式，比如，可以增加锚爪数量、做一些其他形状的锚爪、增大锚的重量等。因此，在解决问题的过程中克服思维定式最简单有效的办法就是不使用专业术语，尽量使用不具有具体含义的词，比如"事物""东西""对象"等。从功能的角度描述研究对象，如"能系留 100 吨重的船只的物质""什么东西能够固定住 100 吨重的船"。

通过术语可以准确地将已知和未知的东西区分开。但是当已知和未知间没有明显的界限，思维角度更趋向于未知的时候，就应该放弃使用术语了。如果题目中没有"锚"这个术语，也就没有"锚爪"的概念了。

步骤 2：明确现有系统在尺寸、时间和成本方面的特性。

在该系统中，系统由船、锚等组成，超系统有海水、海底等，系统及超系统的参数将随着 STC 算子而改变。为了找到新方法的思路，首先需要对发生变化的成分（船）进行一些调整。假设船身长 100 米，吃水量 10 米（船的尺寸为 100 米/10 米），船距海底 1 000 米，锚放到海底需 1 小时，需要找到产生质变的参数变化范围。

步骤3：设想逐渐增大对象的尺寸，使之无穷大（$S \to \infty$）。

船与锚是相对的关系，尺寸特性可以从相对的两个方面来考虑，即锚尺寸增大和船尺寸缩小。如果船的尺寸缩小为原来的1/1 000，变为10厘米/1厘米，是否能解决问题？船太小了（像木片一样），缆绳（如细铁丝一样）的重力远远超过了船的浮力，船将无法控制或沉没。

步骤4：设想逐渐减小对象的尺寸，使之无穷小（$S \to 0$）。

考虑锚尺寸缩小和船尺寸增大。如果船的尺寸增大为原来的100倍，变为10千米/1 000米，问题解决了吗？这时，船底已经接触到海底了，也就不需要系留了。将这一特性的质变运用到普通的船上是什么情形？一是可以把船固定到冰山上；二是船停靠的时候下部灌满水；三是将船体分割，船的一部分脱离开并沉到海底；四是在船下安装水下帆，起到制动的作用；等等。这些想法可以为解决问题提供方向。

步骤5：设想逐渐增加对象的作用时间，使之无穷大（$T \to \infty$）。

当时间为10小时，锚下沉得很慢，可以深深嵌入海底。有一种旋进型的锚（已获得专利的振动锚），通过电动机的振动将锚深深地嵌入海底（系留力是锚自重的20倍），但这种方法不适用于岩石海底。

步骤6：设想逐渐减少对象的作用时间，使之无穷小（$T \to 0$）。

如果把时间缩减为原来的1/100，就需要非常重的锚，或者除重力外，能够有其他力量推动锚的运动，使它能够快速沉到海底。如果时间减为原来的1/1 000，锚就要像火箭一样投下去。如果时间减为原来的1/10 000，那么只能利用爆破焊接将锚固接到海底了。可以考虑为锚增加动力装置，也可以考虑将锚"粘"在海底。

步骤7：设想增加对象的成本，使之无穷大（$C \to \infty$）。

如果允许不计成本，那么可以使用特殊的方法和昂贵的设备。可使用白金锚，或利用火箭、潜水艇、深潜箱等达到目标。

步骤8：设想减少对象的成本，使之无穷小（$C \to 0$）。

如果不允许增加成本，或者成本很低，那么必须利用免费资源。在该问题中，海水是免费的资源，同时也可以无限满足系统的要求。可以利用海水来达到系留的目的，或者通过改变海水的状态来达到目标。

问题的最终解决方法是用一个带制冷装置的金属锚，锚重1吨，制冷功率50kW，1分钟内锚的系留力可达20吨，10～15分钟内达1 000吨。

STC算子法虽然不能够直接提供解决问题的方案，但是可以为解决问题提供方向，尤其是面对问题"没有任何方向"时，可以利用该方向扩展思路、拓宽思维。STC算子法通过进一步激化问题，寻找产生质变的临界范围。虽然STC算子法规定了从尺寸、时间、成本三个特性改变原有的问题，但在实际使用过程中，可不受三个维度的约束，可根据技术问题的特点和需求，在其他方面，如空间、速度、力、面积等方面展开极限思维。该方法本身是为了克服思维惯性，使用者需要开拓思维，不能从一种思维惯性到达另外一种思维惯性。

1.5.4　小人法

小人法是用一组小人来代表那些不能实现特定功能的部件，通过能动的小人，实现预期的功能，然后根据小人模型对结构进行重新设计。其有两个目的：一是克服由于思维惯性导致的思维障碍，尤其是系统结构方面；二是提供解决矛盾问题的思路。

1.5.4.1　小人法的解题思路

按照常规思维，在解决问题时，通常选择的策略是从问题直接到解决方案，而这个过程采用的手段是在原因分析的基础上，利用试错法、头脑风暴法等得到解决方案。这种策略常常会导致形象、专业等思维惯性的产生，解决问题的效率较低。而小人法解决问题的思路是将需要解决的问题转化为小人问题模型，利用小人问题模型产生解决方案模型，最终产生待解决问题的方案，有效规避了思维惯性的产生以及克服了此类问题原有的思维惯性。运用小人法解决问题的思路如图1.5所示。而这种解决问题的思路贯穿在整个TRIZ体系中，如技术矛盾、物质－场模型、物理矛盾、知识库等工具都运用此类解决思路。

图 1.5 小人法解决问题思路

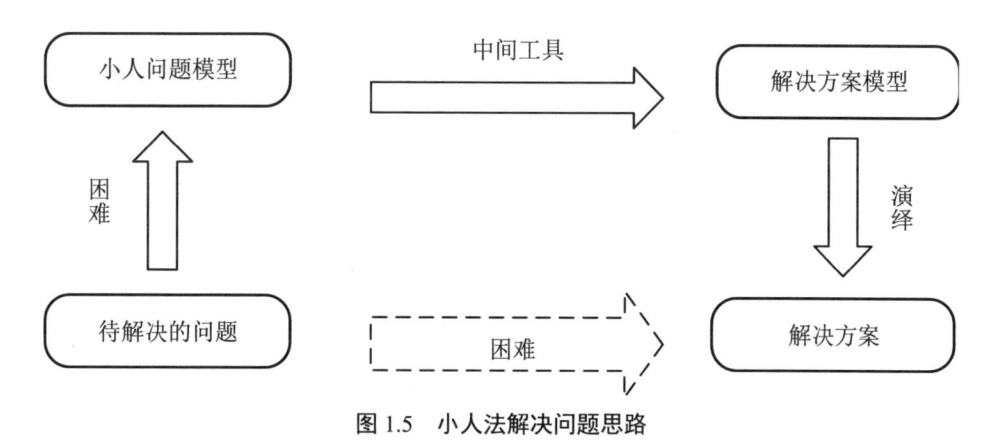

1.5.4.2 小人法的解题流程

运用小人法解决问题通常按照以下步骤。应当指出的是，TRIZ 中各个工具的使用方法都有较为严谨的步骤，称为"算法"，它为学习者和应用者提供了清晰的流程。

第一步：分析系统和超系统的构成。

描述系统的组成。"系统"是指出现问题的系统，系统层级的选择对于分析问题和解决问题有很大的影响。系统层级选择太大，系统信息难以充分掌握，分析问题时困难较大。系统层级选择太小，视野狭小，可能遗漏很多重要的信息，这时就需要根据具体的问题作具体的分析。

第二步：确定系统存在的问题或者矛盾。

当系统内的某些组件不能实现其功能，并表现出相互矛盾时，找出问题中的矛盾，分析出现矛盾的原因有哪些，并确定出现矛盾的根本原因。

第三步：建立问题模型。

描述系统各个组成部分的功能（按照第一步确定的结果描述）。将系统中执行不同功能的组件想象成一组一组的小人，用图形表示出来。不同功能的小人用不同的字母表示，并用一组小人代表那些不能实现特定功能的部件。此时的小人问题模型正是当前出现问题时或发生矛盾时的模型。

第四步：建立方案模型。

根据问题的特点及小人执行的功能，赋予小人一定能动性和"人"的特征。抛开原有问题的环境，对小人进行重组、移动、剪裁、增补等改造，以便解决矛盾。

第五步：从解决方案模型过渡到实际方案。

根据改造后的解决方案，从幻想情境回到现实问题的环境中，由微观转到宏观，解决问题。

1.5.4.3　小人法使用时的注意事项

长期的实践和应用经验表明，在应用小人法时经常出现下列错误：一是将系统的组件用一个小人、一行小人或一列小人表示。小人法要求需要使用一组或一簇小人。运用小人法的目的是打破思维惯性，将宏观问题转化为微观问题，如果使用一个小人表示，达不到克服思维惯性的目的。二是简单地将组件转化为小人，没有赋予小人相关特性，导致应用者在面对小人图形时模棱两可，无法解决问题。应根据小人执行的功能和问题环境给予小人一些特性，这样可以有效地通过联想得到解决方案。

小人法的应用重点、难点在于小人如何实现移动、重组、裁剪和增补，这也是小人法的应用核心。其变化的前提是必须根据执行功能的不同给予小人一定的人物特征，而激化矛盾有利于小人的重新组合。

1.5.4.4　应用小人法解决技术问题案例

案例1：应用小人法解决用水杯喝茶的问题。

水杯是人们经常使用的喝水容器。据统计，我国有50%左右的人有喝茶的习惯，而普通的水杯不能满足喝茶人的需要，存在这样或那样的问题。比如，在使用普通水杯喝茶时，茶叶和水的混合物通过水杯的倾斜同时进入口中，影响人们正常喝水。在这个问题中，当水杯没有盛水或者盛茶水但没有喝时，并没有发生矛盾，因此，只分析饮水时的矛盾。下面按照小人法的步骤逐一分析。

第一步：分析系统和超系统的构成。

系统由水杯杯体、水、茶叶以及杯盖组成。超系统是人的手和嘴。由于喝水时所产生的矛盾与系统的杯盖没有较大关系，因此可不考虑杯盖。而人的手和嘴是超系统，难以改变，也不予考虑。

第二步：确定系统存在的问题或者矛盾。

系统存在的问题是喝水时水和茶叶同时会进入口中，根本原因是茶叶的质量较轻，漂浮在水中，会随水的移动而移动。

第三步：建立问题模型。

描述系统组件的功能。

第四步：建立方案模型。

在小人模型中（见图1.6），G小人（水）和B小人（茶叶）混合在一起，当P小人（杯体）移动或者改变方向时（喝水时），G小人和B小人也会争先向外移动。我们需要的是G小人，而不是B小人。这时，需要有另外一组小人，将B小人拦住。就如同公交车上有贼和乘客，警察需要辨别好人与坏人，当好人下车时警察放行，当坏人下车时警察将其拦住，最后车内剩余的是坏人。为了拦住坏人，需要警察出现。因此，本问题的方案模型是引入一组具有辨识能力的小人。

图1.6 喝茶问题小人模型

第五步：从解决方案模型过渡到实际方案。

根据第四步的解决方案模型，需要在出口增加一批警察，且警察必须有识别能力。回到原问题中，需要增加一个装置，能够实现茶叶和水的分离。由于水和茶叶对滤网的通过性不同，所以很容易会想到这个装置应当是带孔的过滤网，孔的大小决定了过滤茶叶的能力，如图1.7所示。

图1.7　能够分离水和茶叶的水杯

案例2：应用小人法解决水杯倒水时的溢水问题。

在解决了水和茶叶不会分离问题的同时又产生了新的问题：当过滤网的孔太大时，茶叶容易和水同时掉出去；当过滤网的孔太小时，向杯中倒水时，水下漏的速度会变慢，如果倒开水则容易溢出，造成烫伤。这时，矛盾不发生在喝水时，而是发生在向杯中倒水时。因此，我们要重新按小人法的步骤再次分析。

第一步：分析系统和超系统的构成。

系统构成如案例1，但在这个新问题中，水溢出与空气有一定的关系，因此在分析过程中需要考虑空气。而茶叶与问题无关，则不予考虑。

第二步：确定系统存在的问题或者矛盾。

系统存在的问题是当向水杯中倒开水时，一般过滤网的孔较小，水流比较集中，在过滤网上方，水的压力大于空气外出的压力，空气无法从水杯中排出，使得水停留在过滤网上方，容易导致水溢出，造成烫伤。

第三步：建立问题模型。

描述系统组件的功能。

第四步：建立方案模型。

在小人模型中（见图1.8），当倒入开水时，B小人（开水）经过R小人（过滤网）向下移动，在短时间内会出现大量的B小人。由于B小人较多，使得底部的W小人（空气）无法出去，形成两者对立的局面。此时，水杯从过滤网到杯口的容积较小，会造成B小人移动到P小人（水杯）的外边，烫伤倒水者。在这里，矛盾表现在B小人和W小人在R小人的区域发生"对峙"，一方想出去,一方想进来,矛盾的区域在 R 小人(过滤网)。如同在一条单行道路上,当两方有车相遇时,都不能通过,最好的办法是交通警察将两方分开,双方各行其路。在本问题中,能够承担交通警察角色的只有 R 小人(过滤网)。而出现问题正是因为 R 小人的存在使得双方"对峙"。引起"对峙"的重要原因是双方在同一个平面上,无法实现两者的分离。如何通过改变 R 小人来解决双方"对峙"的问题呢?可利用 R 小人疏导 B 小人和 W 小人,使双方各行其道。可以考虑通过重组 R 小人,将 R 小人的排列由平面排列转化为"下凸"型排列,当 B 小人向下移动时,W 小人可以自觉地向上移动。

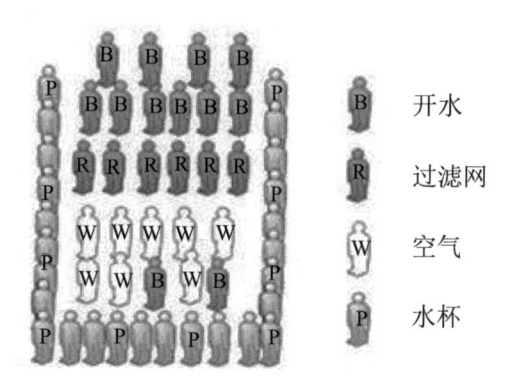

图 1.8 倒水问题小人模型

第五步:从解决方案模型过渡到实际方案。

根据第四步的解决方案模型,改变原有直面型的过滤网,将其设计为"下凸"型的过滤网,使水和空气各自沿着不同的道路移动,不出现双方"对峙",因而就不会造成人员伤害。过滤网的形状如图 1.9 所示。

图 1.9 防溢水杯过滤网

案例3：应用小人法解决水杯倒茶的问题。

在案例1和2的解决方案中，仍然存在当茶叶较碎小时，很多茶叶会掉出来的问题。当喝铁观音等茶叶叶片较大的茶时不存在这种问题，但在喝完茶后，茶叶容易粘在杯壁上，不易清理。应用小人法进行分析。

第一步：分析系统和超系统的构成。

系统由水杯杯体、水、茶叶、过滤网及杯盖组成。

第二步：确定系统存在的问题或者矛盾。

当水杯使用者喝茶叶叶片较小的茶时，需要过滤网的孔非常小，这样在案例2中的设计也会出现案例1中的问题；当喝茶叶叶片较大的茶时，茶叶不容易清理。此时，出现了两个问题。

第三步：建立小人问题模型。

描述系统组件的功能。

第四步：建立方案模型。

在小人模型中（见图1.10），R小人（过滤网）执行的主要功能是当喝水时，将G小人（茶叶）和B小人（开水）分离，也就是将G小人固定在一个区域内，B小人可以自由移动，同时不能造成在B小人进入时，引起B小人和W小人（空气）之间的"对峙"。进一步激化矛盾，当R小人之间的间距非常小时，W小人和B小人都很难通过，同时让R小人移动到杯口，这时B小人向下移动就会向外溢出。考虑可否将水杯颠倒一下，或调整R小人在整个水杯中的位置，从上方移动到下方，这样就不会造成B小人向外移动的问

图1.10 倒茶问题小人模型

题（溢出烫伤）了。当 R 小人移动到下方时，G 小人进入杯子比较困难，如果杯体下方能够给 G 小人开一扇门，那么 G 小人的进出将变得非常容易。这时，当大量 B 小人进入时，没有 R 小人的阻挡，很容易向下移动；由于下方有门，G 小人也很容易出入；而 R 小人的间距非常小，可有效实现 G 小人和 B 小人的隔离。

第五步：从解决方案模型过渡到实际方案。

根据第四步的解决方案模型，将过滤网安装在水杯的最下方，同时将水杯的下方也设计为可以开口的形式，从而很容易地解决了上述问题。在倒入开水时，水不易溢出，同时在喝茶叶叶片较小的茶时，茶叶也不会从过滤网中漏出来。当喝茶叶叶片较大的茶时，因茶叶离杯口较近，所以可以很容易地实现清理。水杯如图 1.11 所示。

图 1.11 新型茶水杯

1.5.5 最终理想解

产品或技术按照市场需求、行业发展、超系统变化等，随着时间的推移时刻都处于进化之中，进化的过程就是产品由低级向高级演化的过程。如果将所有产品或技术作为一个整体，从历史发展和进化方向来说，任何产品或技术的低成本、高功能、高可靠性、无污染等都是研发者追求的理想状态。产品或技术处于理想状态的解决方案可称为最终理想解。

创新过程从本质上说是一种追求理想状态的过程。TRIZ 中引入了"理想化""理想度"和"最终理想解"等概念，目的是进一步克服思维惯性，开拓思维，拓展解决问题可用的资源。

应用TRIZ解决问题之始，要求使用者先抛开各种客观限制条件，针对问题情境，建立各种理想模型，可以是理想系统、理想过程、理想资源、理想方法、理想机器、理想物质。通过定义问题的最终理想解，以明确理想解所在的方向和位置，保证在问题解决过程中向着此目标前进并达到或接近最终理想解，从而避免了传统创新设计在解决问题时缺乏目标的弊端，提升解决问题的效率。

TRIZ的创始人阿奇舒勒对最终理想解作出了这样的比喻："可以把最终理想解比作绳子，登山运动员只有抓住它才能沿着陡峭的山坡向上爬，绳子自身不会向上拉他，但是可以为其提供支撑，不让他滑下去，只要松开，肯定会掉下去。"可以说，最终理想解是TRIZ解决问题的"导航仪"，是众多TRIZ工具的"灯塔"。在TRIZ中，最终理想解是指系统在最低程度改变的情况下能够实现最高限度的自服务（自我实现、自我传递、自我控制等）。

1.5.5.1 最终理想解的特点和作用

1. 最终理想解的特点

根据阿奇舒勒的描述，最终理想解应当具备以下四个特点。在确定了最终理想解之后，可用这四个特点检查其有无不符合之处，并进行系统优化，直到达到或接近最终理想解为止。

一是最终理想解保留了原有系统的优点。在解决问题的过程中，不能因为解决现有问题而丢失了原系统的优点。原系统的优点通常是指低成本、能够完成主要功能、低消耗、高度兼容等。

二是改善了原系统的不足。在解决问题的过程中能够有效改善原系统存在的不足，没有改善不足的不能称为最终理想解。

三是没有使系统变得更复杂。面对技术问题时，可能有成百上千个方案可以解决技术问题，如果使得原有的系统更加复杂，可能带来更多的次生问题，如成本上升、子系统之间协调难度增加、系统可靠性降低等。那么，就不能称之为最终理想解。而TRIZ的重要思想是应用最少的资源、最低的成本解决问题。

四是没有引入新的缺陷。解决方案如果引入了新的缺陷，需要再进一步解决新的缺陷，反而会得不偿失。

因此，如果解决方案具有上述特点，可称为最终理想解。

2. 最终理想解的作用

在具体应用过程中，最终理想解能够发挥以下作用。

一是明确解决问题的方向。最终理想解的提出为解决问题确定了系统应当达到的目标，然后通过 TRIZ 中的其他工具来实现最终理想解。

二是能够克服思维惯性，帮助使用者跳出已有的技术系统，在更高的系统层级上思考解决问题的方案。

三是能够提高解决问题的效率。最终理想解形成的解决方案可能距离所需结果更近一些。

四是在解题伊始就激化矛盾，打破框架，突破边界，解放思想，寻求更理想的解。

最终理想解是一种解决技术系统问题的具体方法或者是技术系统最理想化的运行状态。最理想化的技术系统应该是没有实体和能源消耗，但能够完成技术系统的功能，也就是不存在物理实体，也不消耗任何资源，但是却能够实现所有必要的功能，即物理实体趋于零，功能无穷大。简单说，就是功能俱全，结构消失。最终理想解是理想化水平最高、理想度无穷大的一种技术状态。

理想化是技术系统所处的一种状态，理想度是衡量理想化的一个标志和比值，最终理想解是在理想化状态下解决问题的方案。

1.5.5.2 最终理想解的确定

最终理想解通常用六步法来确定。

（1）设计的最终目的是什么？

（2）最终理想解是什么？

（3）达到最终理想解的障碍是什么？

（4）出现这种障碍的结果是什么？

（5）不出现这种障碍的条件是什么？

（6）创造这些条件可用的资源是什么？

1.5.5.3 最终理想解的应用及注意事项

在实验室里,实验者在研究热酸对多种金属的腐蚀作用。他们将20个合金实验块摆放在容器底部,然后泼上酸性溶液并关闭容器。实验持续约2周后,打开容器,取出实验块,在显微镜下观察其表面的腐蚀程度。由于实验时间较长,强酸对容器的腐蚀性较强,容器损坏率非常高,需要经常更换。为了使容器不易被腐蚀就必须采用惰性材料,如铂金、黄金等贵金属,但这会造成实验成本的增加。应用最终理想解解决该问题的步骤如下。

(1)设计的最终目的是什么?

在准确测试合金抗腐蚀能力的同时,不用经常更换盛放酸性溶液的容器。

(2)最终理想解是什么?

合金能够自己测试抗酸腐蚀性能。

(3)达到最终理想解的障碍是什么?

强酸可对容器产生腐蚀作用,同时合金不能自己测试抗酸腐蚀性能。

(4)出现这种障碍的结果是什么?

需要经常更换测试容器,或者选择贵金属作为测试容器的材料。

(5)不出现这种障碍的条件是什么?

用一种廉价的耐腐蚀物体代替现有容器,起到盛放酸性溶液的作用。

(6)创造这些条件可用的资源是什么?

合金本身就是可用资源,可以把合金做成容器,测试酸性溶液对容器的腐蚀性。

最终解决方法是将合金做成盛放强酸的容器,在实现测试抗腐蚀能力的同时也减少了成本。

在应用最终理想解的过程中需要注意以下几个问题。

一是对最终理想解的描述。阿奇舒勒提出,对最终理想解的描述必须加入"自己""自身"等词语。也就是说,需要达到的目的、目标、功能等在不需要外力、不借助超系统资源的情况下完成,是一种最大程度的自服务(自我实现、自我传递、自我控制等)。这种描述方法有利于工程师打破思维惯性,准确定义最终理想解,使解决问题沿着正确的方向进行。

二是最终理想解并非"最终的",由于受实际问题和资源的限制,最终理想解有最理想、理想、次理想等多个层次。当面对不同的问题时，可根据实际需要进行选择。例如，在本例中，对于合金抗腐蚀能力的测试问题，最理想的状态是没有测试的过程就能够知道合金的抗腐蚀能力；理想状态是在不采用贵金属、不经常更换容器的前提下，准确测试出合金的抗腐蚀能力；次理想状态是在不经常更换容器的条件下，准确测试出合金的抗腐蚀能力。在不同的理想状态下，所采取的策略有所不同。

三是应用最终理想解的过程，是一个双向思维的过程。从问题到最终理想解，从最终理想解到问题，最理想的最终理想解可能达不到，但是这是目标，可通过达到次理想的最终理想解、理想的最终理想解的方式最终达到最理想的最终理想解。

第 2 章　功能分析与裁剪

2.1　功能分析

产品是功能的载体,功能是产品的核心和本质,因此,功能是产品创新的出发点和落脚点。功能分析是 TRIZ 众多问题分析和工具的基础。在使用 TRIZ 解决问题时,使用功能的语言来描述问题,会使得解决问题的过程变得简化。

2.1.1　功能的概念与分类

炎热的夏季,在一个商店里。

顾客问道:"今天真是太热了,请问有扇子吗?"

店员:"对不起,先生,我们没有扇子,不过我们有手持的小风扇。有电动的,有手动的,您需要吗?"

顾客:"可以。"

愉快地成交。

在上述情景中,商店并没有顾客需要的东西,但他们会给顾客推荐功能相似的产品。顾客或许并非真正需要某个具体产品,而是需要产品所具备的某个功能,所以具有相同功能的替代产品也能满足顾客的需求。

2.1.1.1　功能的描述

20 世纪 40 年代,美国通用电气公司的工程师麦尔斯(L. S. Miles)首先提出了功能的概念,并把它作为价值工程研究的核心问题。他将功能定义为"起作用的特性",顾客买的不是产品本身,而是产品的功能。自此,"功能"

成为设计理论与方法中最重要的概念之一,功能分析也起源于此。

在 TRIZ 中,功能是产品或技术系统特定工作能力抽象化的描述,它与产品的用途、能力、性能等概念不尽相同。功能一般用动词＋名词的形式来表达:动词(主动动词)表示产品完成的一个操作;名词代表被操作的对象,是可测量的。如分离枝叶、照明路面。由于在 TRIZ 中,系统中的物体被称为组件,因此也可将功能统一地描述为一个组件改变或保持了另外一个组件的某个参数的行为。根据功能的定义,可使用公式对功能进行描述:

$$功能 = 动作 + 对象(参数) = V+O(P)$$

其中,参数是隐性因素,可以不作表述。在使用动词＋名词的方式描述功能时,省略了动作载体组件,有助于摆脱思维惯性的影响。动作受体组件我们也称为制品。

当不描述参数时,功能也可以用图形来表示,如图 2.1 所示。

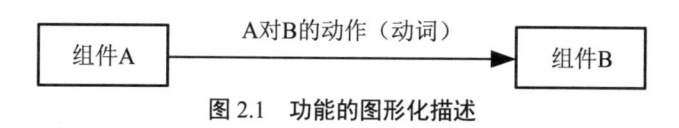

```
┌──────┐   A对B的动作(动词)   ┌──────┐
│ 组件A │ ───────────────────▶ │ 组件B │
└──────┘                      └──────┘
```

图 2.1　功能的图形化描述

在对功能进行描述时,要注意以下几项原则,避免对功能的错误描述。

(1)功能的载体与受体必须是组件,即物质或场,不能是组件的参数。

物质和场在第 6 章中作介绍。组件的参数为温度、长度、高度等可以测量的参数。例如,制冷空调的功能为制冷空气(物质),改变了空气的温度(参数),而不能说制冷空调的功能是调节温度。

(2)功能的载体与受体必须相互作用,即二者必须相互接触。

这里所说的"接触"并不单单指体表的触碰,当两物质之间存在场并通过场发生相互作用时,也属于相互接触。例如,两个人谈话,虽然没有直接接触,但二者间存在声场,因此,也存在相互作用。

(3)功能受体至少有一个参数由于作用发生了改变或保持不变。

功能描述应能体现功能载体通过动作改变或保持功能受体的某个参数。例如,焊工的防护面罩(见图 2.2),我们在描述它的功能时一般会描述其能够保护面部或保护眼睛,这样在后续的研究中,重点就在于它是如何保护面部或眼睛的。但由于面部或眼睛的参数并未发生变化,这样在分析中就难以把握重点，因此这样描述面罩的功能是不合适的。按照上述规则，面罩的功能应为抵挡飞溅物或有害光线，面罩改变了飞溅物的运动方向和降低了有害光线的强度，这样便于在后续分析时将重点聚焦在如何更有效地抵挡飞溅物或有害光线。

图 2.2　防护面罩

（4）禁止使用"不"，应用否定动词代替。

在功能描述中，用否定动词来代替"不"，这样能更清晰地体现出动作原理。例如，我们平时说陶瓷不能导电，但在描述陶瓷的功能时，应说陶瓷阻碍电流。

功能实现原理的通用性是 TRIZ 的重要发现，可以通过定义功能寻找其他领域或行业已经解决了的同类问题。使用规范的语言描述功能，能快速、高效、准确地找到同类问题，进而根据其解决方式解决自己遇到的问题。

在描述功能时，常用的动词可参考表 2.1。功能的描述应该有利于打开设计人员的设计思路，描述越抽象，越能促进设计人员开动脑筋，寻求种种可能实现功能的方法。

表 2.1 常用的描述功能的动词

verb（function）	功能动词	verb（function）	功能动词	verb（function）	功能动词
absorb	吸收	destroy	破坏	mixes	混合
accumulate	聚集	detect	检测	move	移动
assemble	装配（组装）	dry	干燥	orient	定向
bend	弯曲	embed	嵌插	polish	擦亮
break down	拆解	erodes	侵蚀	preserve	防护
change phase of melts	相变	evaporate	蒸发	prevent	阻止
		extract	析取	produce	加工
clean	清洁	freeze boils	煮沸	protect	保护
condense	凝结	heat	加热	remove	移除
cool	冷却	hold	支撑	rotate	旋转（转动）
corrode	腐蚀	inform	告知	separate	分离
decompose	分解	join	连接	stabilize	稳定
deposit	沉淀	locate	定位	vibrate	振动

2.1.1.2 功能的分类

（1）按照系统功能的主次可以分为主要功能、附加功能和潜在功能。

通常情况下，一个系统的功能可能有许多个，将这个系统设计之初的目的称为主要功能。产品的主要功能正常实现是客户对产品的最低要求。从本质上讲，与其说顾客购买的是产品，不如说顾客购买的是产品的功能，而这个功能就是主要功能。例如本章开头的例子，顾客原本要购买扇子，但是最后却买了手持的小风扇，原因就是顾客要买的是扇子可以使空气流动形成风的这个主要功能，而手持小风扇也具备这样的功能，因此顾客将它买走。平板电脑与智能手机相比，可操作的软件几乎完全相同，但由于多数平板电脑本身不具备拨号通话功能，所以不能称为手机。

附加功能是赋予对象新的应用功能，一般与主要功能无关。例如，汽车的主要功能是移动人或物，在汽车上加装音响、空调等配件，增加了汽车的辅助功能。附加功能有"锦上添花"之意，附加功能实现程度可以较低，对客户满意度影响较小。现在各品牌系列汽车，往往存在高、中、低配不同层次，主要区别就在于附加功能的效果差异。但是，当附加功能实现程度达到市场中同功能产品的性能时，附加功能可能就会转变为主要功能。例如，手机引入的照相功能在早期是附加功能，但当其拍照性能接近或达到市场中数码相机的性能时，其就会替代数码相机，原来的附加功能就会变成主要功能。

潜在功能是指技术系统并不总按照指定用途使用，而是执行了即时功能。例如，在紧急时刻，警察将汽车横置在路口作为路障，阻挡其他车辆进入。潜在功能往往是在特殊场合临时发挥作用的，人们对此功能的要求不高。

（2）按照在系统中组件起作用的好坏（功能类别）可以分为有用功能和有害功能。

有用功能为技术系统所期望的功能，而有害功能为不期望的功能。例如，灯泡的功能是提供光源，这是我们所期望的功能，因此是有用功能；但是灯泡发热会烫伤人，这是我们所不期望的功能，因此发热烫人是有害功能。

有害功能是我们所不期望出现的功能，因此系统中若存在有害功能，就要想办法消除。对于有用功能，需进一步进行划分，根据其作用的程度，可以将有用功能分为充分功能、不足功能和过度功能。例如，近视眼镜通过镜片折射光线这个功能使眼睛看得清楚，是一个有用功能。若度数刚好合适，符合佩戴者近视程度，则该功能为充分功能；假如镜片度数超过佩戴者近视程度，佩戴者会出现头晕等症状，则此时该功能为过度功能；假如镜片度数过低，没有达到佩戴者的近视程度，佩戴者看东西依旧模糊，那么该功能为不足功能。从中不难看出，有用功能中的不足功能和过度功能都不是令人满意的功能，因此在后续功能分析时，要改善这部分功能。

（3）按照功能的作用对象（功能等级）可分为基本功能、附加功能和辅助功能。

基本功能是组件对系统作用对象的功能，是保证完成主要功能的组件功能，是系统中级别最高的功能。

附加功能与基本功能相比，描述的角度稍有不同，附加功能作用的对象为超系统组件。在实现了产品的主要功能后，通过提升附加功能改善客户使用产品的体验，也就是说，原系统中的组件通过改善超系统中的其他组件，提升了用户对产品的满意度。例如，在汽车上安装空调，使汽车在移动用户的同时，改变了用户所处环境的温度，提升了舒适度。附加功能的功能级别居中。

辅助功能是组件对系统中其他组件的功能，它的功能级别最低。为实现技术系统的基本功能，各组件间需相互作用，即组件的辅助功能。该组件的辅助功能可能由别的组件代替，故是裁剪中优先考虑的裁剪对象。

2.1.2 功能分析

功能分析的主要目的是将抽象的系统具体化，以便于设计者了解产品所需具备的功能与特征。通过定义与描述系统组件所需达到的功能，以及组件之间或与外界环境的相互作用来分析整体系统，最终利用规范的图形来描述系统，建立系统的功能模型，协助设计人员化繁为简，合理地进行创新设计。

系统的功能分析主要包括以下步骤。

（1）组件层次分析。

（2）组件间作用分析。

（3）建立功能模型。

2.1.2.1 组件层次分析

针对一个工程问题或技术系统，组件层次分析能帮我们认识和梳理整个技术系统的结构。对于一个技术系统实现的功能模型，可按组件的层次分为三类。

1. 制品

制品即技术系统的作用对象，是基本功能实现的功能受体，在功能模型中以椭圆形表示，如图2.3所示。制品是技术系统实现功能的最终目的，属于超系统，不能随意变动。

2. 系统组件

组件是技术系统的组成分子，也可以视为技术系统的子系统。例如，一个产品的组成零件，小到齿轮、螺母，大至一个由许多零件组成的系统，都可以认为是一个组件。组件划分太细，会导致组件过多，功能模型过于复杂，不便于分析；组件过少，问题根源难以在功能模型中体现。故组件的划分层次是根据具体工程问题确定的，要选择合适的组件层次。一般而言，功能模型中组件不宜超过10个。当组件偏少时，可以对问题发生区域作进一步细分，便于功能模型的建立。系统组件一般用矩形表示（见图2.3）。

3. 超系统组件

技术系统实现功能时，需要与系统外部环境发生交互作用，即需要与超系统发生相互作用，我们将发生作用的超系统因素称为超系统组件，用六边形表示（见图2.3）。超系统组件会影响整个系统的运行，但设计者很难针对该类要素进行改进。超系统组件具有以下特点。

（1）超系统不能删除或重新设计。
（2）超系统可能使工程系统出现问题。
（3）超系统可以作为工程系统的资源，也可以作为解决问题的工具。
（4）只列出对系统有影响的超系统组件。

制品　　系统组件　　超系统组件

图 2.3　功能模型图标

在分析完制品、系统组件、超系统组件后，可将相关组件列入组件列表中，如表2.2所示，便于后续分析。

表 2.2　组件列表

制品	系统组件	超系统组件

例如，眼镜作为一个技术系统，其功能是折射光线。眼镜由镜片、镜框、镜腿组成。镜框由鼻架和镜片框组成。镜腿由金属杆和塑料套组成（见图2.4）。在建立眼镜的功能模型时，可以将镜框和镜腿分别视为一个整体。光线是系统作用的对象，眼睛、耳朵、鼻子在眼镜工作中发生作用。将各组件填入组件列表，如表2.3所示。

图 2.4　眼镜

表 2.3 眼镜组件列表

制品	系统组件	超系统组件
光线	镜片、镜框、镜腿	耳朵、鼻子、眼睛

2.1.2.2 组件间作用分析

在完成组件分析后，针对所列出的组件，判断任意两个组件之间是否存在相互作用，以便于后续建立功能模型。为将组件间作用关系清晰地体现出来，可填写组件间作用矩阵列表。存在相互作用的用"+"来表示，不存在相互作用的用"-"来表示，如表 2.4 所示。

表 2.4 组件间作用矩阵列表

组件	组件 1	组件 2	组件 3	……
组件 1		+	-	
组件 2	+			
组件 3	-			
……				

完成组件间作用矩阵列表后，进行检查，如果某组件没有与其他组件发生相互作用，即不具有功能，可将该组件删除。此外，矩阵呈现关于对角线对称，可以据此判断是否有遗漏或错误。需要注意的是，接触的两个组件一般存在相互作用，但没有接触的组件间要注意是否存在场接触；另外，组件间有相互作用并不代表两者一定存在功能，进行功能分析时需要根据相互作用对其功能进行判断。

对于上述眼镜案例，对各组件进行组件间作用分析，建立组件间作用矩阵列表，如表 2.5 所示。

表 2.5 眼镜的组件间作用矩阵列表

	镜片	镜框	镜腿	眼睛	鼻子	耳朵	光线
镜片		+	-	-	-	-	+
镜框	+		+	-	+	-	-
镜腿	-	+		-	-	+	-
眼睛	-	-	-		-	-	+
鼻子	-	+	-	-		-	-
耳朵	-	-	+	-	-		-
光线	+	-	-	+	-	-	

2.1.2.3 建立功能模型

建立功能模型是指用规范化的图形对系统的功能进行描述。建立功能模型是在组件间相互作用分析的基础上进行的。具体包括以下步骤。

1. 功能分析

根据功能描述的原则,判断组件间的相互作用是否存在功能。

当组件间有功能作用时,明确功能载体和功能受体,并判断功能的类别与级别,填入系统功能列表,如表 2.6 所示。

表 2.6 系统功能列表

功能载体	功能	功能受体	功能等级			功能类别		
			基本功能	附加功能	辅助功能	标准	不足	过度	有害

眼镜系统的功能列表如表 2.7 所示。

表 2.7 眼镜系统的功能列表

功能载体	功能	功能受体	功能等级	功能类别
镜片	折射	光线	基本功能	标准
镜框	支撑	镜片	辅助功能	标准
鼻子	支撑	镜框	辅助功能	标准
镜框	挤压	鼻子	附加功能	有害
镜腿	支撑	镜框	辅助功能	标准
耳朵	支撑	镜腿	辅助功能	标准
镜腿	挤压	耳朵	附加功能	有害

2. 图形化表示

在功能的图形化描述中,箭头的指向反映了功能的载体与受体,箭头的形式可以表示功能类别;组件的层次可以通过外框来表示,外框可以体现功能等级。按照作用效果,对照功能分类,作用可为标准作用、不足作用、过度作用和有害作用。标准作用用直线箭头表示,不足作用用虚线箭头表示,过度作用用加粗的箭头表示,有害作用用曲线箭头表示(见图 2.5)。

标准作用
→

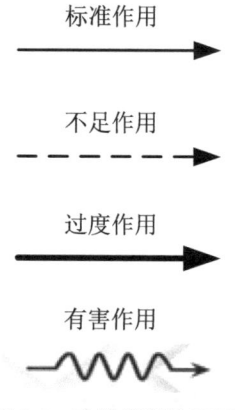

不足作用
--→

过度作用
⟹

有害作用
⤳

图 2.5 功能类别的表示

按照表 2.7 中列出的功能，按照要求绘制眼镜系统的功能模型（见图 2.6）。

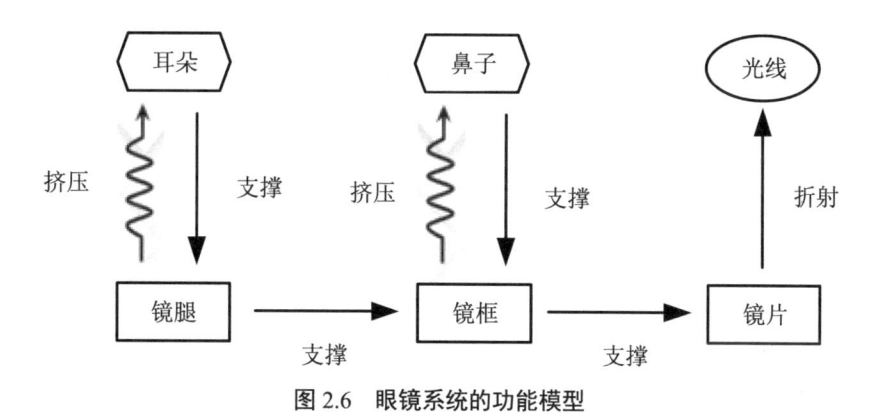

图 2.6 眼镜系统的功能模型

2.1.3 功能分析案例

2.1.3.1 油漆灌装系统功能分析

1. 系统工作原理介绍

油漆灌装系统常用于零件或产品自动涂漆生产线，其示意图如图 2.7 所示。油漆灌装系统的工作原理：零件通过吊装装置在油漆箱中涂漆。油漆箱中油漆量的控制是通过浮标带动杠杆运动，控制开关的闭合和断开，从而控制电机的通断电，实现控制泵从油漆桶中将油漆注入油漆箱内。例如，油漆箱内液面低于一定水平时,浮标下降带动杠杆运动,使开关闭合,从而接通了电机控制系统,将油漆桶中的油漆注入油漆箱内;反之,当油漆箱内液面达到一定水平时,浮标上升带动杠杆使开关断开,电机断电终止泵注入油漆的动作。

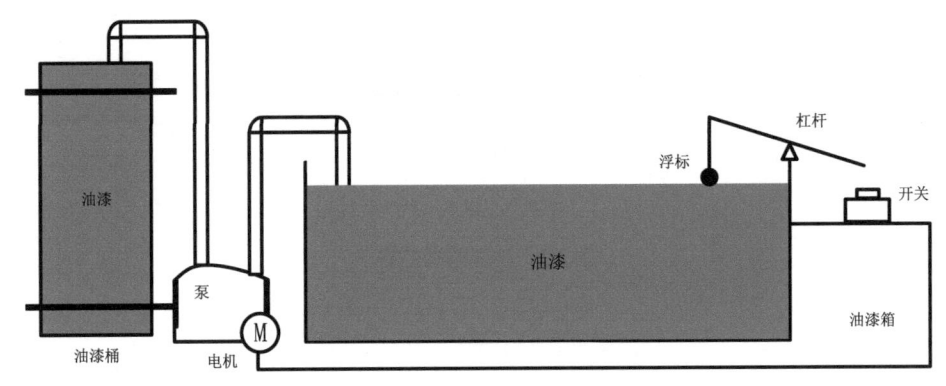

图 2.7 油漆灌装系统示意图

但是该系统在使用一段时间后,由于长时间暴露在空气中,油漆固化黏附在浮标上,造成浮标过重无法上升,从而导致开关持续接通,电机带动泵持续向油漆箱中注入油漆,最后导致油漆溢出。

2. 组件层次分析

进行组件层次分析,划分出制品、系统组件和超系统组件。该系统是将油漆从油漆桶移动到油漆箱中,系统的功能是移动油漆,故油漆是系统的制品;油漆灌装系统中的各组件为系统组件;与之相关的外部环境组件构成了超系统组件(见表 2.8)。

表 2.8 油漆灌装系统组件列表

技术系统	制品	系统组件	超系统组件
油漆灌装系统	油漆	泵	空气
		油漆桶	零件
		电机	
		油漆箱	
		浮标	
		杠杆	
		开关	

3. 组件间作用分析

根据所列出的组件，判断任意两个组件间是否存在相互作用，建立组件间作用矩阵列表（见表 2.9）。

表 2.9 油漆灌装系统组件间作用矩阵列表

组件	浮标	杠杆	开关	电机	泵	油漆桶	油漆	油漆箱	零件	空气
浮标		+	−	−	−	−	+	−	−	+
杠杆	+		+	−	−	−	−	+	−	+
开关	−	+		+	−	−	−	+	−	+
电机	−	−	+		+	−	−	−	−	+
泵	−	−	−	+		+	+	−	−	+
油漆桶	−	−	−	−	+		+	−	−	+
油漆	+	−	−	−	+	+		+	−	+
油漆箱	−	+	+	−	−	−	+		−	+
零件	−	−	−	−	−	−	+	−		+
空气	+	+	+	+	+	+	+	+	+	

4. 建立功能模型

对表 2.9 中存在相互作用的组件进行功能分析，建立系统功能列表，如表 2.10 所示。

表 2.10 油漆灌装系统功能列表

功能载体	功能	功能受体	功能级别			功能类别			
			基本功能	附加功能	辅助功能	标准	不足	过度	有害
浮标	移动	杠杆			√	√			
浮标	黏附	油漆							√
杠杆	支撑	浮标		√		√			
杠杆	控制	开关			√	√			
开关	控制	电机			√	√			
电机	驱动	泵			√				
泵	移动	油漆	√			√			
油漆桶	容纳	油漆	√			√			
油漆	移动	浮标			√	√			
油漆箱	容纳	油漆	√			√			
油漆箱	支撑	杠杆			√	√			
油漆箱	支撑	开关			√	√			

（续表）

功能载体	功能	功能受体	功能级别			功能类别			
			基本功能	附加功能	辅助功能	标准	不足	过度	有害
油漆	涂装	零件			√	√			
空气	固化	油漆							√

将表 2.10 中列出的功能用图形表示出来，建立系统功能模型，如图 2.8 所示。

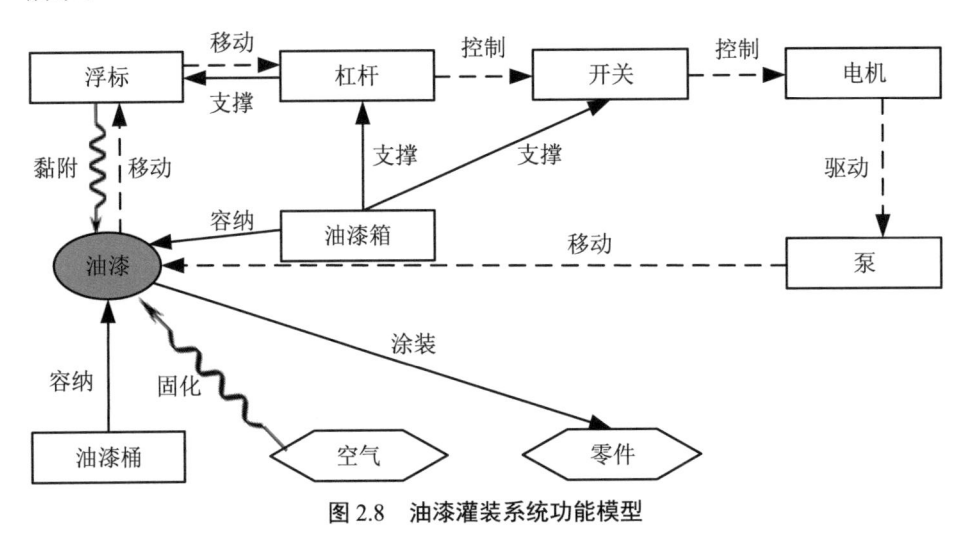

图 2.8 油漆灌装系统功能模型

2.1.3.2 快速切断阀系统功能分析

1. 系统工作原理介绍

为了使过剩的高炉煤气得以被充分利用，有人发明了一种高炉煤气余压透平发电装置（blast furnace top gas recovery turbine unit，TRT）。它利用煤气的高低压力差驱动发电机发电，余留的低压煤气仍可以作为能源应用。TRT 中包含一种快速切断阀，该阀是一种蝶形阀，可在发生事故时快速切断高炉煤气，切断过程要求在 0.5 秒内完成。快速切断阀安装在基础支架上，与煤气管道相连。液压控制系统通过驱动装有动力弹簧的液压缸，实现快速切断阀的慢速开启、慢速关闭，并用快速卸压方式完成阀口的紧急关闭动作。如图 2.9 所示为快速切断阀示意图。

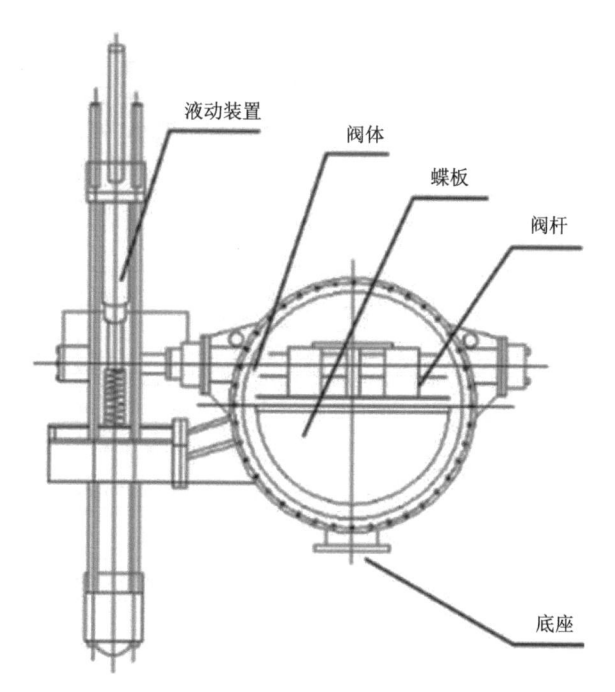

图 2.9 快速切断阀示意图

2. 组件层次分析

进行组件分析之前,首先要根据项目实际划分出系统和超系统,然后才能列出系统组件和超系统组件。快速切断阀组件列表如表 2.11 所示。

表 2.11 快速切断阀组件列表

技术系统	制品	系统组件	超系统组件
快速切断阀系统	高炉煤气	液控箱、油箱、油泵、电机、管路、过滤器、液压油、缸筒、活塞、动力弹簧、齿条、齿轮、阀杆、蝶板、阀体、轴承	煤气管道、基础支架、电能、灰尘

3. 相互作用分析

对表 2.11 中的组件进行组件间作用分析,得到组件间作用矩阵,如表 2.12 所示。

表 2.12　快速切断阀组件间作用矩阵列表

组件	液控箱	油箱	油泵	电机	管路	过滤器	液压油	缸筒	活塞	动力弹簧	齿条	齿轮	阀杆	蝶板	阀体	轴承	煤气管道	基础支架	电能	高炉煤气	灰尘
液控箱		−	+	−	+	−	−	−	−	−	−	−	−	−	−	−	−	−	+	−	−
油箱	−		−	−	−	−	+	−	−	−	−	−	−	−	−	−	−	−	−	−	−
油泵	+	−		−	+	−	+	−	−	−	−	−	−	−	−	−	−	−	+	−	−
电机	−	−	+		−	−	−	−	−	−	−	−	−	−	−	−	−	−	+	−	−
管路	+	−	−	−		−	+	−	−	−	−	−	−	−	−	−	−	−	−	−	−
过滤器	−	−	−	−	−		+	−	−	−	−	−	−	−	−	−	−	−	−	−	−
液压油	−	+	+	−	+	+		+	−	−	−	−	−	−	−	−	−	−	−	−	+
缸筒	−	−	−	−	−	−	+		+	−	−	−	−	−	−	−	−	−	−	−	−
活塞	−	−	−	−	−	−	+	−		+	−	−	−	−	−	−	−	−	−	−	−
动力弹簧	−	−	−	−	−	−	−	−	+		−	−	−	−	−	−	−	−	−	−	−
齿条	−	−	−	−	−	−	−	−	+	−		+	−	−	−	−	−	−	−	−	−
齿轮	−	−	−	−	−	−	−	−	−	−	+		+	−	−	−	−	−	−	−	−
阀杆	−	−	−	−	−	−	−	−	−	−	−	+		+	−	+	−	−	−	−	−
蝶板	−	−	−	−	−	−	−	−	−	−	−	−	+		−	−	−	−	−	+	−
阀体	−	−	−	−	−	−	−	−	−	−	−	−	−	−		+	+	+	−	−	−
轴承	−	−	−	−	−	−	−	−	−	−	−	−	+	−	+		−	−	−	−	−
煤气管道	−	−	−	−	−	−	−	−	−	−	−	−	−	−	+	−		−	−	+	−
基础支架	−	−	−	−	−	−	−	−	−	−	−	−	−	−	+	−	−		−	−	−
电能	+	−	+	+	−	−	−	−	−	−	−	−	−	−	−	−	−	−		−	−
高炉煤气	−	−	−	−	−	−	−	−	−	−	−	−	−	+	−	−	+	−	−		−
灰尘	−	−	−	−	−	+	−	−	−	−	−	−	−	−	−	−	−	−	−	−	

4. 建立功能模型

对组件作用进行功能分析，得到功能列表（部分），如表 2.13 所示。

表 2.13　快速切断阀系统功能列表（部分）

组件	功能描述	功能等级	性能水平
液控箱	液控箱启闭油泵	辅助功能	标准
液控箱	液控箱通断管路	辅助功能	标准
液控箱	液控箱消耗电能	附加功能	标准
油箱	油箱储存液压油	辅助功能	标准
油泵	油泵驱动液压油	辅助功能	标准
油泵	油泵消耗电能	附加功能	过度
电机	电机驱动油泵	辅助功能	标准
管路	管路传导液压油	辅助功能	标准
管路	管路阻碍液压油	有害功能	有害

（续表）

组件	功能描述	功能等级	性能水平
过滤器	过滤器过滤液压油	辅助功能	标准
	过滤器阻碍液压油	有害功能	有害
液压油	液压油驱动活塞	辅助功能	标准
缸筒	缸筒储存液压油	辅助功能	标准
	缸筒导向活塞	辅助功能	过度
活塞	活塞驱动齿条	辅助功能	标准
	活塞驱动动力弹簧	辅助功能	标准
动力弹簧	动力弹簧驱动活塞	辅助功能	不足
电能	电能驱动电机	辅助功能	标准
	电能驱动液控箱	辅助功能	标准

将表 2.13 中列出的功能用图形表示出来，如图 2.10 所示。

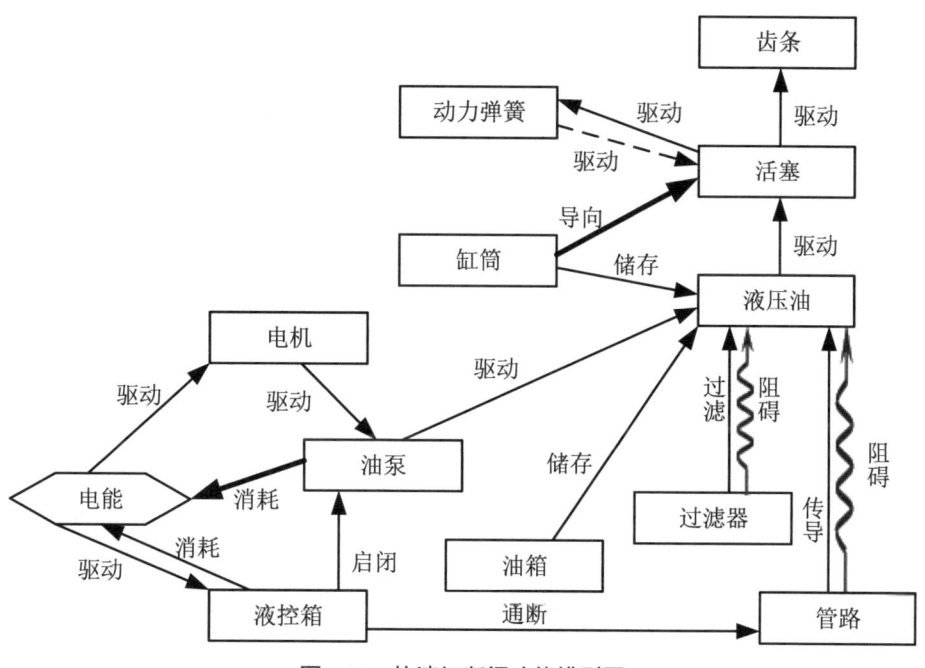

图 2.10　快速切断阀功能模型图

2.2　裁剪

当某一组件总是出现问题，或者解决方法过于复杂或不稳定，抑或某一组件成本过高时，我们就可以考虑去掉该组件，然后使用其他组件实现此组件所实现的有用功能，这种方法叫作裁剪，也可以叫作剪裁。

2.2.1 裁剪概述

2.2.1.1 裁剪的概念

裁剪是 TRIZ 中改进系统、提高系统理想化程度的重要实现工具，也是 TRIZ 中通过去除组件、激化冲突，并结合 TRIZ 其他工具解决问题的方法。该方法在功能分析的基础上，分析系统中每个功能及其实现组件存在的必要性，并去除不必要的功能及组件，在剩余组件上重新分配系统和超系统中的有用功能。

裁剪是在建立系统功能模型之后，按照一定的规则选择裁剪对象，然后按照裁剪规则执行裁剪的过程。

裁剪都是从系统中某个冲突区域开始的，裁剪规则也是围绕冲突区域的。为了理解裁剪规则，需要强调构成冲突区域的三个要素，即功能载体、功能受体及其之间的作用，如图 2.11 所示。

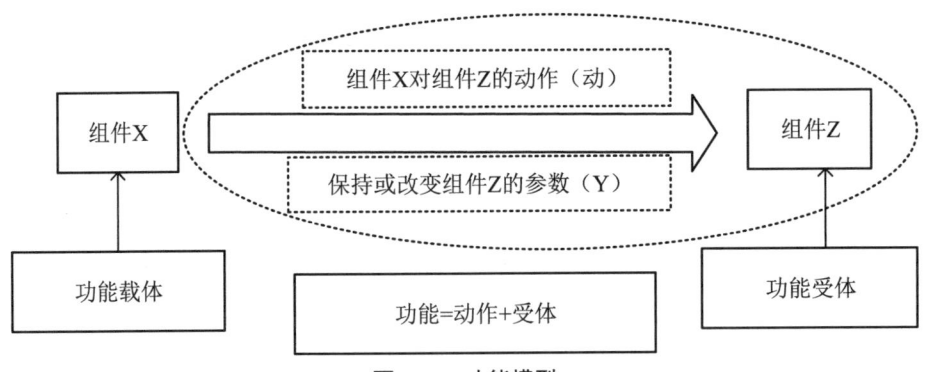

图 2.11 功能模型

功能载体：是冲突区域功能的提供者或施加者。对于系统中的某个组件，当考虑它对其他组件的作用时，该组件就是功能载体。

功能受体：是被作用的对象，是功能的承受者。对于系统中的某个组件，当考虑其他组件对它的作用时，该组件就是功能受体。

作用：在功能分析中，功能载体通过作用保持或改变了功能受体的某一参数，实现了对应功能。根据功能在技术系统组件中所起的作用的好坏（功能类别），分为有用功能和有害功能。由此可见，功能的好坏取决于作用效果的好坏。

作用代表了功能载体对功能受体的功能动作，一般用表达作用目的或方式的动词描述。两个组件间的作用一般都是相互的，但在研究过程中，如果某一方向的作用与研究目标不相关，则可以只列出相关的单向作用。冲突区域的作用是存在问题的作用，即有可能是不足、过度或有害作用。

2.2.1.2 裁剪的目标

通过对系统组件进行裁剪，可以实现以下目标。

（1）可以转换系统中难以解决的技术难题。对于系统中在现有技术条件下难以解决或成本过高的技术问题，可以通过裁剪将问题转化为用其他组件实现原组件功能的问题。

（2）去除对系统有负面影响的作用，包括有害作用、不足作用和过度作用。通过裁剪掉执行负面作用的组件，强化冲突，并利用系统或超系统资源解决冲突，达到消除不期望的功能的目的。

（3）降低系统的复杂性。裁剪可减少零件数目，减小使用、操作、保养的复杂度，简化操作界面，减少操作失误次数，最终降低系统的复杂性。

（4）降低系统成本。裁剪可使系统在组件最少的情况下，实现预期的功能。相比于原系统，可大幅减少组件数量以及成本支出。

（5）裁剪能够从根本上规避对手专利。通过裁剪规避对象的一部分特征或改变部分技术特征，以达到规避专利的目的。

（6）裁剪能够产生新的产品，开辟新市场，并且通过优化产品，使得产品能够适应新市场。

裁剪工具可分为两类：面向产品的裁剪和面向工艺过程的裁剪。面向产品的裁剪是在系统裁剪规则的指导下，裁剪系统中的组件，以实现系统改进的目标；面向工艺过程的裁剪是将过程看作系统，通过裁剪规则裁剪工艺过程中的辅助功能以及子过程，以改善系统过程。在本书中，以面向产品的裁剪为例介绍裁剪的使用方法。

2.2.2 裁剪的对象与规则

2.2.2.1 裁剪的对象

裁剪是在建立技术系统功能模型的基础上进行的。应该从哪个组件开始执行裁剪？剩余的组件应该按照怎样的顺序进行裁剪？优先被裁剪的组件应具有以下特征中的一个或几个。

（1）关键负面因素。

（2）最有害功能。

（3）最昂贵组件。

（4）最低功能价值。

以上四个特征，需要用不同的方法确定。

1. 关键负面因素的确定

关键负面因素是对系统存在的问题起关键作用的因素，导致系统问题的根本原因指向的因素就是关键负面因素，也就是根据因果分析结果在功能模型中确定的最终冲突区域的组件应是首先被裁剪的组件。

关键负面因素通过因果分析来确定。因果分析在第 3 章中进行介绍。通过建立因果链，找到问题产生的根本原因。在进行裁剪时，首先针对产生问题的根本原因的组件，判断是否能够执行裁剪，然后再沿因果链逐层向上分析裁剪对象。

2. 最有害功能的确定

最有害功能可通过对组件进行有用功能分析得到。应该把系统中执行有害功能最多的组件作为首要的裁剪对象。通过裁剪执行有害功能最多的组件，可提高系统的运作效率。

有害功能一般在建立系统的功能模型后可以明显看到，裁剪掉产生有害功能的动作载体，以减少系统中问题的数量。

3. 最昂贵组件的确定

裁剪的目标之一就是降低系统的成本。利用成本分析可以分析出系统中成本昂贵的组件，判断是否能够执行裁剪或寻求廉价的替代品，以实现降低成本的目的。

4. 最低功能价值的确定

以上三个指标对系统都会产生较大影响，但是当不同指标针对的组件不相同时，裁剪的顺序又将如何呢？可通过最低功能价值来确定。

功能价值计算是综合考虑组件功能等级、产生问题及组件成本来进行计算的。该部分与实际系统评价相关，感兴趣的读者可查阅参考文献，在此不再展开介绍。

2.2.2.2 裁剪的规则

在确定好裁剪对象后，要根据裁剪规则判断该组件能否被裁剪。一般情况下，在进行裁剪时可遵循以下四条规则。

1. 裁剪规则 A

如果功能受体被去掉了，那么功能载体是可以被裁剪掉的，如图 2.12 所示。

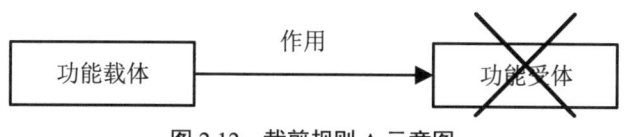

图 2.12 裁剪规则 A 示意图

例如，梳子的功能是整理头发，功能载体是梳子，功能受体是头发，改变的参数是头发的排列状态。但对于光头来说，功能的受体头发是不存在的，那么作为功能载体的梳子，也没有必要存在了，梳子就可以被裁剪掉。

对于裁剪规则 A，还有一个延伸，即裁剪规则 A+。

2. 裁剪规则 A+

如果功能载体提供的功能被裁剪了，那么功能载体也是可以被裁剪的，如图 2.13 所示。

图 2.13 裁剪规则 A+ 示意图

例如，梳子的功能是整理头发，功能载体是梳子，功能受体是头发，改变的参数是头发的排列状态。但当梳子断齿过多，不能整理头发时，即梳子的有用功能被裁剪掉了，那么梳子也就没有用了。

3. 裁剪规则 B

如果功能对象能自身执行功能载体所执行的有用功能，则功能载体可以被裁剪，如图 2.14 所示。

图 2.14　裁剪规则 B 示意图

例如，割草机的功能是切割草，功能载体是割草机，功能受体是草，改变的参数是草的长度。但对于特定草种，长到一定长度就不再增长了，功能对象草的长度得到了自控，那么作为功能载体的割草机就没有必要存在了。

4. 裁剪规则 C

如果从系统或超系统中找到另一组件执行原有用功能，原功能载体可以被裁剪，如图 2.15 所示。

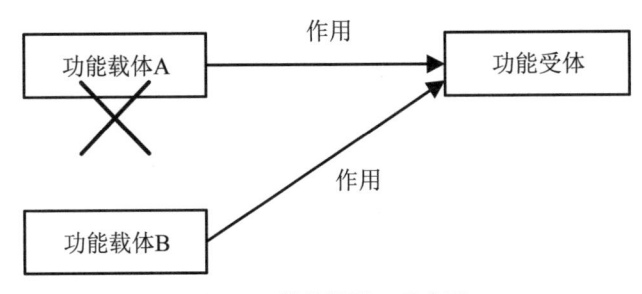

图 2.15　裁剪规则 C 示意图

例如，汽车空调制热，功能载体是空调，功能受体是空气，改变的参数是空气的温度。空调可以制热，但利用发动机工作时产生的热量同样可以加热空气。这样，功能载体就变为发动机，那么空调（制热部分）就没有必要存在了。

上述规则中，规则 A 是最激进的，因为要同时去掉两个组件。而在实际应用中，应用最多的是裁剪规则 C。

2.2.2.3　功能的再分配

裁剪规则可以用于发现可裁剪的对象，也可以用于帮助我们分析在有组件被裁剪后，如何维持系统的正常功能。

当使用裁剪规则 A 裁剪后，因为功能受体被裁剪掉了，原功能不再需要；使用裁剪规则 B 裁剪后，功能受体本身可提供原功能的自服务；但在使用裁剪规则 C 进行裁剪后，原功能载体被裁剪掉了，需要有其他功能载体实现原功能，可以从剩余组件中寻找新的功能载体。当剩余组件具备以下条件之一时，就可以考虑成为新的功能载体。

1. 条件 1：一个组件能够对功能受体执行相似的功能

如图 2.16 所示，功能载体 A 与功能载体 B 都对功能受体施加了相似的作用。当功能载体 A 被裁剪掉后，利用功能载体 B 实现原功能载体 A 的功能。

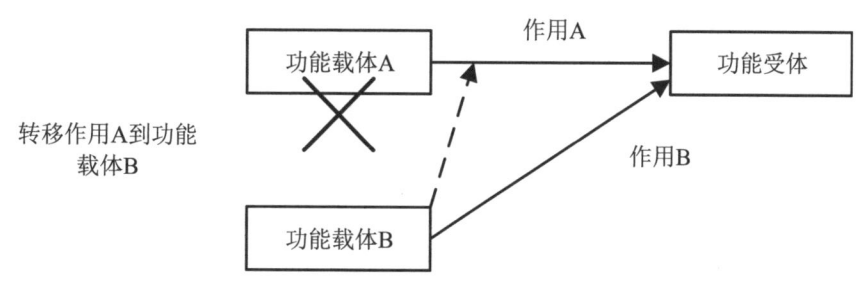

图 2.16　功能再分配条件 1 示意图

例如，在做菜时，炒锅突然损坏不能使用了，视为被裁剪掉的组件，而蒸锅同样具备加工食材的功能，可代替炒锅实现原功能。

2. 条件 2：一个组件对另一个受体执行了类似的功能

如图 2.17 所示，功能载体 A 与功能载体 B 都分别对各自的受体施加了相似的作用。当功能载体 A 被裁剪掉后，利用功能载体 B 可实现原功能载体 A 的功能。

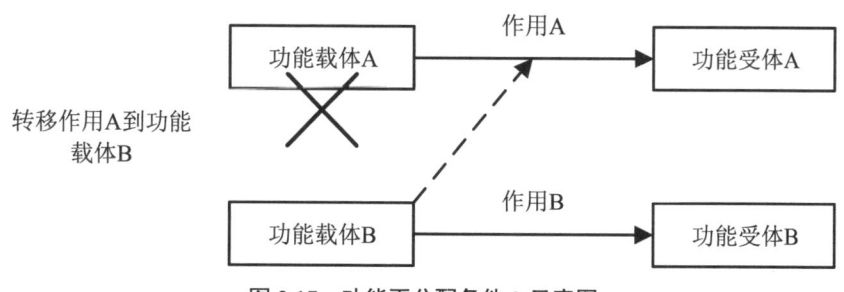

图 2.17　功能再分配条件 2 示意图

例如，椅子的功能是支撑人，桌子的功能是支撑物品，当人较多时可坐在桌子上，利用桌子实现支撑人的功能。

3. 条件 3：一个组件对功能的受体执行任意功能

如图 2.18 所示，功能载体 B 与功能受体有其他作用。当功能载体 A 被裁剪掉后，利用功能载体 B 来执行作用 A。

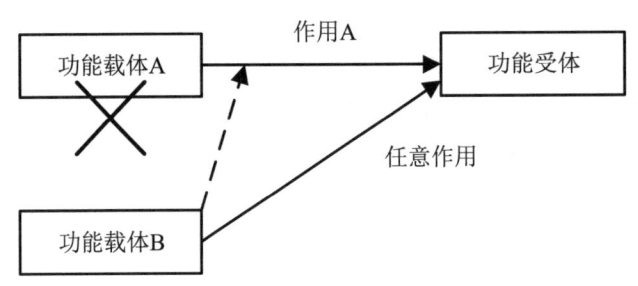

图 2.18　功能再分配条件 3 示意图

例如，汽车的功能是移动人，床的功能是支撑人，当人在自驾旅行时，可在汽车内休息，汽车实现了床的功能。

4. 条件 4：一个组件具有执行功能的一系列资源

如图 2.19 所示，功能载体 B 作为系统组件与原功能受体没有作用，但其具有实现作用 A 的资源。当功能载体 A 被裁剪掉后，利用功能载体 B 来执行作用 A。

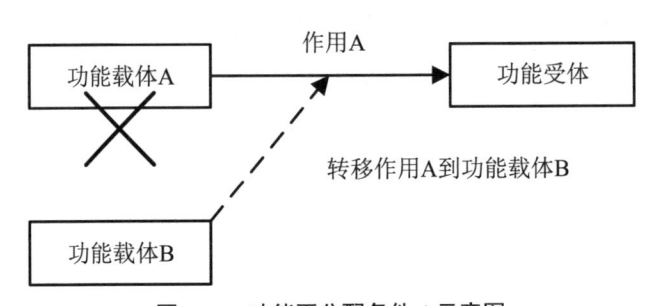

图 2.19　功能再分配条件 4 示意图

例如，使用煤气做饭加热食物，而电能同样可用来作加热的资源，故可设计出电磁炉、电饭锅等产品。尤其是自动电饭锅，还对做饭过程进行了裁剪，裁剪掉加热温度、时间等控制过程内容。

2.2.3　案例分析

以油漆灌装系统功能模型（见图 2.8）为例，进一步分析可使用裁剪对其进行优化。

2.2.3.1 油漆灌装系统裁剪分析

1. 选择裁剪对象

浮标有一个非常大的缺点，就是由于它黏附了大量的油漆从而会造成油漆溢出，是系统存在缺点的根本原因之一，是系统的关键负面因素。为此，以它为裁剪对象进行裁剪。

2. 选择合适的裁剪规则

根据功能模型，杠杆有用功能包括支撑浮标和控制开关。当浮标被裁剪后，杠杆支撑浮标的功能受体就被去掉了，那么杠杆的功能之一也将被去掉，杠杆也可被裁剪。

杠杆还具有控制开关的功能。当杠杆被裁剪后，还需有系统组件或超系统组件来实现原杠杆控制开关的功能，即裁剪后，系统的问题就变为了由谁控制开关的问题，如图2.20所示。

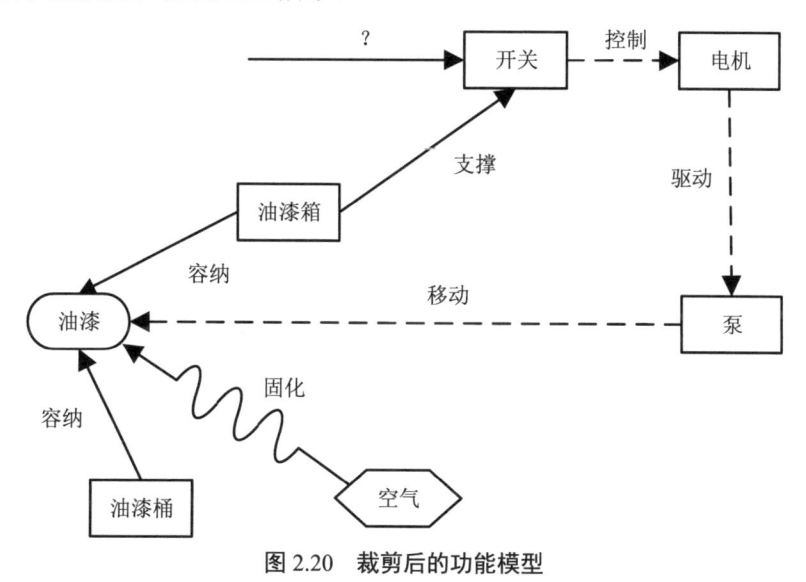

图 2.20 裁剪后的功能模型

3. 功能的再分配

由于杠杆被裁剪掉了，需将控制开关的功能进行再分配。控制开关的目的是要控制油漆的量，可从剩余组件中找寻能控制油漆量的资源。杠杆被裁剪后，剩余的与油漆发生直接作用的组件包括油漆箱、泵、油漆桶、空气和油漆本身，需要从中找到实现测量油漆量这一功能的资源。

在原系统中，是通过杠杆高度来测量油漆量的。如果使用油漆本身来检查油漆的量，根据液体压力计算原理，可以通过计算底部压强来测量油漆的量。通过油漆箱底部的压力传感器检测油漆底部压力，进而计算出液面高度。当压值低于设定值时，打开开关。裁剪后的功能模型如图2.21所示。

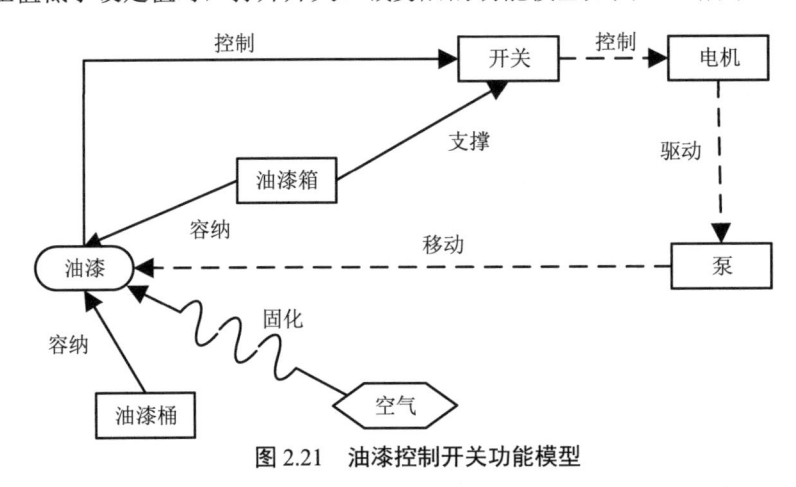

图2.21 油漆控制开关功能模型

如果使用油漆箱来检查油漆的量，可通过测量油漆的重量计算出油漆液面高度。当重量值低于设定值时，打开开关。裁剪后的功能模型如图2.22所示。

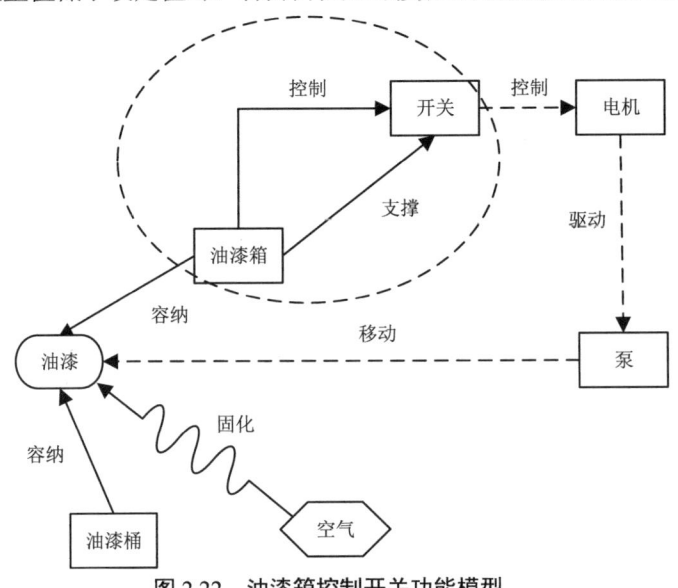

图2.22 油漆箱控制开关功能模型

2.2.3.2 油漆灌装系统深度裁剪分析

如果按照裁剪规则进一步进行裁剪，将开关、电机、泵全部裁剪掉，系统的问题就变为如何定量地将油漆从油漆桶移动到油漆箱。

当前油漆桶容纳油漆，根据功能再分配条件3，考虑用油漆桶实现油漆移动的功能。显然，移动油漆需要能量，根据资源分析，可利用免费的资源重力作为移动油漆的能量，即把油漆桶高置。那如何来控制油漆移动的启停呢？可以利用虹吸原理实现对液面的控制（见图2.23）。

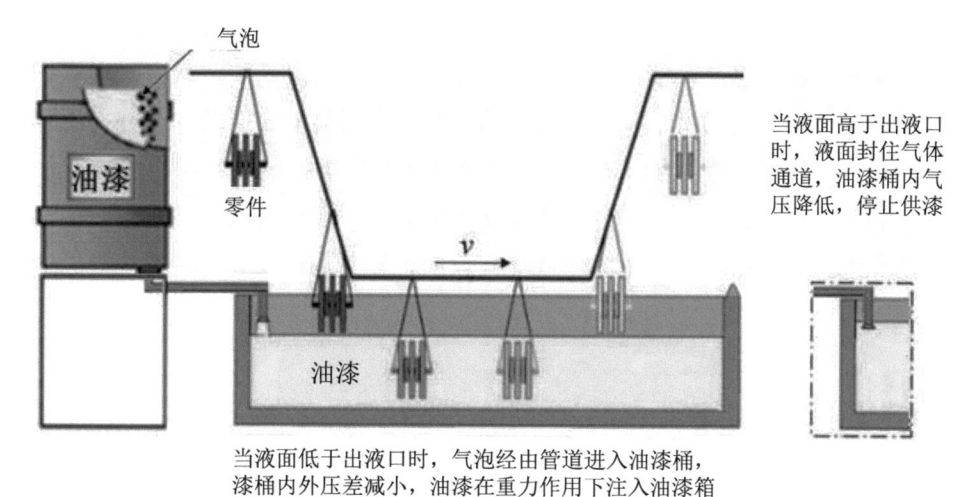

图 2.23 深度裁剪工作原理

第 3 章　因果分析

功能分析可以从功能的角度找到技术系统中的功能缺陷，或者发现存在问题的组件。但是通过功能分析得到的已知或者明显的表面缺点往往并不容易解决，更重要的是，它们通常不是造成问题的根本原因。

因果分析可以帮助我们进行更加深入的分析，找到潜伏在技术系统中深层的原因。建立起初始问题与各底层问题的逻辑关系，找到更多解决问题的突破口。

3.1　因果分析概述

3.1.1　因果分析简介

因果分析是全面识别技术系统问题的分析工具，可以挖掘出隐藏于初始问题背后的问题。因果分析就是对出现的问题不断地进行提问，找到产生问题的原因，直到找出具有本质属性的根本原因。将问题与原因连接起来，就像一条条链条，故也称为因果链。引用一个欧洲小故事来简明地介绍一下因果链。

传说一个国家灭亡了。

为什么灭亡了呢？因为一场战役失败了。

为什么战役失败了呢？因为国王没有打好这场仗。

为什么国王没有打好这场仗？因为国王的战马倒下了。

为什么国王的战马倒下了？因为战马掉了一个马掌。

为什么战马掉了一个马掌？因为钉马掌时少了一颗钉子。

虽然这个故事有些极端，但我们可以看出，一场非常大的灾难却可能是由一些被忽视的微不足道的小事造成的。如果我们找到了造成问题的根本原因，那么解决方案也是显而易见的，一切问题也都会迎刃而解。

通过因果分析可得到一系列问题，有些容易被解决，有些不容易被解决。我们可以从那些容易解决的问题入手来解决，解决问题的过程就会变得简单。找到的问题越多，可选择的解决方案也会越多。所以，使用因果分析的关键就是转换问题，也就是不去解决最开始遇到的初始问题，而是通过因果分析找到藏于背后的一系列问题，并从较容易的问题入手加以解决。

3.1.2 问题与原因的种类

因果链是由一个个有逻辑因果关系的问题连接而成的链条，其中每一个问题都是由前面的原因造成的结果，同时它又是造成后面问题的原因。我们将因果链中的一系列原因与问题进行分类，可包括以下几种。

1. 初始问题

初始问题是技术系统中问题的表现。例如：若系统的目标是提高效率，那么初始问题就是效率太低；若系统的目标是降低成本，那么初始问题便是成本太高。在油漆灌装系统油漆溢出的案例中，油漆溢出就是油漆灌装系统的初始问题。

2. 直接原因

直接原因是导致初始问题发生的最直接的因素，而不是间接因素，在进行因果分析时要避免跳跃。例如，造成油漆溢出的最直接原因应是油漆过多或油漆箱过小。

3. 中间原因

中间原因是指介于直接原因和根本原因之间的原因，其中，每一层的中间原因既是上一层级的原因，也是下一层级原因所导致的结果，如图3.1所示。例如，上述小故事中，中间原因"国王的战马倒下了"既是上一层级"为什么国王没有打好这场仗"的原因，也是下一层级"因为战马掉了一个马掌"这一原因产生的结果。

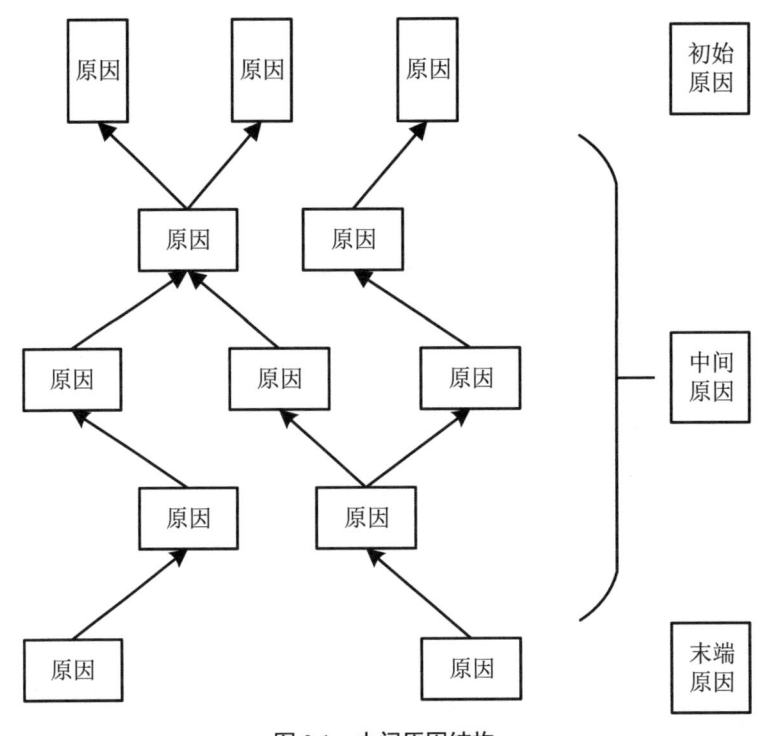

图 3.1　中间原因结构

分析中间原因要注意上下层原因的确定，要根据合理的因果逻辑关系，循序渐进，寻找产生上一层原因出现的最直接原因，而不是间接原因，避免跳跃。如果跳跃过大，可能会损失掉大量解决问题的机会。

有时候造成问题出现的因素可能有很多个，可以利用 and、or 以及 combine 运算符来表示。

（1）and 代表"与"，表示下层几个原因同时作用，从而造成问题的产生。例如，着火需要三个因素：可燃物、氧气、火源，缺一不可，三者共同作用造成了着火，它们之间的关系可用图 3.2 表示。如果想解决着火这层级的问题，只需要去掉下一层级中的任意一个原因即可。也就是说，当由 and 连接的原因共同作用而导致产生问题时，只需消除其中任何一个原因即可解决问题。

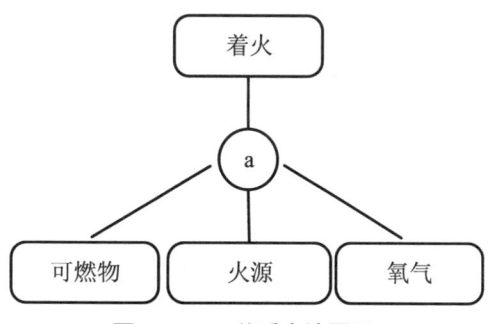

图 3.2 and 关系表达图示

（2）or 代表"或"，表示下层的几个原因均可以造成问题结果的出现。如饮水被污染，可能是水源被污染、管道被污染，也有可能是盛水的容器被污染了。它们的关系可以用图 3.3 表示。如果要解决饮水污染问题，需要将水源、管道与容器的污染同时去除。也就是说，当由 or 连接的每一个原因都可能造成问题的产生，需要将原因全部消除才可解决问题。

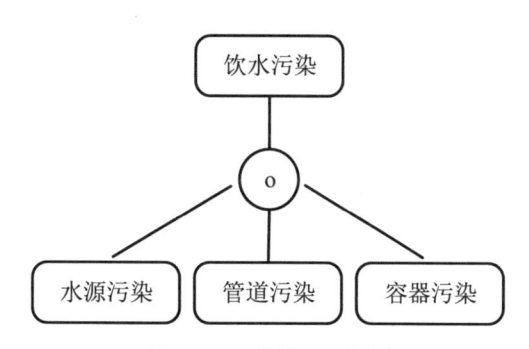

图 3.3 or 关系表达图示

（3）combine 代表"结合"，表示下层的几个原因共同作用，并且达到一定程度后，才会造成本问题结果的出现。例如，惯性力＝质量×加速度，由质量和加速度两者共同作用产生惯性力。如果需要控制惯性力，可以通过将质量或加速度单独或分别控制到允许的范围内即可避免问题的产生。也就是说，当由 combine 连接的每一个原因综合产生问题，可控制一个或多个原因以解决问题（见图 3.4）。

```
         惯性力
           │
           c
          ╱ ╲
       质量   加速度
```

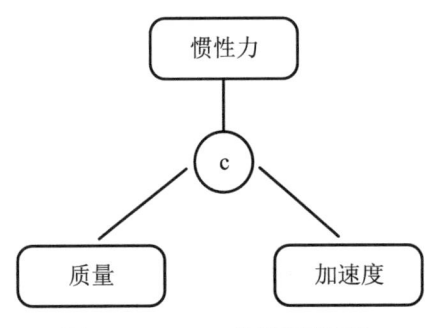

图 3.4 combine 关系表达图示

4. 末端原因

理论上来说，因果链是可以无穷无尽地进行原因的探究的，但是对于具体的工程问题，这样无休止的探根究底是没有意义的，因此需要一个终点，也就是因果分析的末端原因。一般来说，达到如下几点就可以终止因果链分析了。

（1）到达物理、化学、生物或者几何等科学领域的极限时。

（2）自然现象。

（3）受到法律法规、国家或行业标准等的限制时。

（4）当不能继续找到下一层原因时。

（5）当是成本的极限或者人的本性时。

（6）根据技术系统的具体情况，继续深挖下去就会变得与系统无关时。

5. 根本原因

在解决问题的过程中，往往会尝试从末端原因入手解决问题，如果能够消除末端原因，那么所有的问题都会迎刃而解。但是若末端原因无法轻易消除，应找到比较容易解决的中间原因并寻求办法进行消除。易解决的中间原因称为关键原因或根本原因，关键原因具有可控、可操作、易消除等特点，且一旦消除，类似问题将不会再出现。因此，通过消除根本原因（关键原因），可以达到解决系统初始问题、优化系统的目的。

3.2 因果分析的常用方法

3.2.1 5 why 分析法

著名的丰田生产方式的创始人大野耐一在一次新闻发布会上首次提出 5 why 分析法。他提到，丰田汽车质量好是由于遇到问题他总会至少问 5 个为什么，直到技术人员的回答令他满意，同时技术人员自己也心里明白为止。该方法的流程如图 3.5 所示。上节开头的欧洲小故事，通过不断提出"为什么"寻找到根本原因，就是 5 why 分析法最典型的例子。

> 为什么机器停了？
> 因为超负荷，保险丝断了。
> 为什么超负荷呢？
> 因为轴承的润滑不够。
> 为什么润滑不够？
> 因为润滑泵吸不上油来。
> 为什么吸不上油来？
> 因为油泵轴磨损，松动了。
> 为什么磨损了？
> 因为没有安装过滤器，混进了铁屑等杂质。

图 3.5 5 why 分析法流程

5 why 分析法通过不断提问"为什么"，可以挖掘隐藏于初始问题背后的一系列原因，直到找出根本原因，从而找到解决问题的突破口。例如，有一幢大楼着火了，为什么大楼会着火呢？是因为电线燃烧。为什么电线会燃烧呢？是因为电线升温。为什么电线会升温呢？是因为电流增加。为什么电流会增加呢？是因为电路短路。为什么电路会短路呢？是因为空调使用过多。为什么空调使用过多呢？是因为室内太热。为什么室内太热呢？是因为没有通风装置。通过连续提问为什么，我们不难看出，避免大楼出现火灾不是当使用空调过多时就切断电源、避免电线燃烧，而是应该安装通风装置，从而解决根本原因。

5 why 分析法是一种诊断性技术，能帮助我们找到和识别出产生问题的因果链条。使用该方法要注意以下几点。

（1）恰当地定义初始问题，尽量用简洁的语言来描述。

（2）不断地提问"为什么"，不限制提问次数，直到没有更合理的理由为止。

（3）每次回答的理由应是可控的、客观的，并且能够从回答中找到进一步探索问题的方向。

3.2.2 鱼骨图分析法

鱼骨图分析法共有三种类型：整理问题型、原因型、对策型，其中以原因型最为常用。鱼头在右，通常以"为什么……"开始，从人员、机器、材料、方法、测量和环境六个方面去寻找问题产生的根本原因。原因型的鱼骨分析法流程如图 3.6 所示。

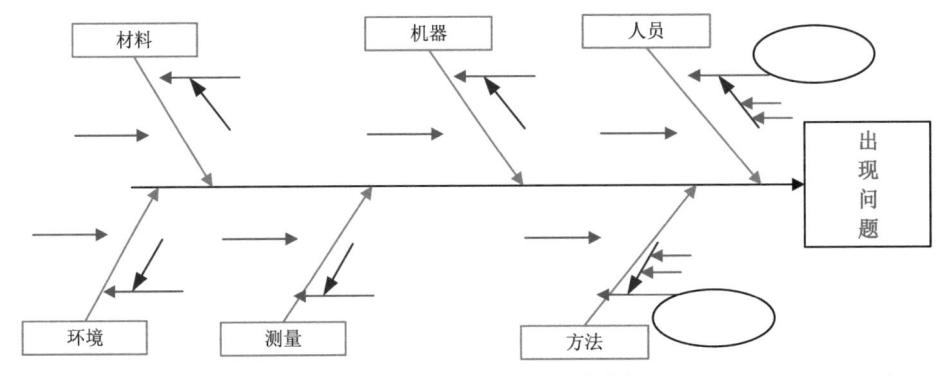

图 3.6 原因型鱼骨图分析法流程

其中，问题画作鱼头并画出主骨；大的要因画作主骨，小的要因画作中骨和小骨。根据上述六个方面，从六个角度来追究原因时，可以采用头脑风暴法或 5 why 分析法作为引导工具，不作任何限制，但是应聚焦于问题产生的原因，而不是问题的表现和不同的个人观点。

3.3 基于功能模型的因果链分析

3.3.1 基于功能模型的因果链分析流程

基于功能模型的因果链分析，通过分析功能三元件属性，找到因果链中每一层级的关键原因，寻求解决方法将其消除，以达到系统优化的目的。具体步骤如下。

（1）建立系统的功能模型，列出系统中存在的初始问题。

（2）根据功能模型，找出导致初始问题的功能三元件（功能载体、功能受体及具体的作用）。

（3）分析三元件的属性，找到导致问题产生的直接原因，利用 or、and 和 combine 将这些原因按照不同属性连接起来。

（4）基于功能模型，逐级分析功能三元件属性，重复步骤（2）和步骤（3），建立完整的因果链分析图。

（5）对比功能模型，检查各层级原因是否包含其中，并绘制因果链分析图。

（6）根据实际技术系统要求，找到因果链分析图中的关键原因，将关键原因转化为关键问题，然后寻找可能的解决方案，并列入表 3.1 中，通过综合对比找出最佳的解决方案。

表 3.1　因果链分析结果

备选关键原因	可采取的措施	可控制及改变的难度

3.3.2　案例分析

在油漆灌装系统案例中，我们运用功能分析建立了油漆溢出问题的功能模型，现利用因果链分析方法对此案例进行分析。

1. 建立该技术系统的功能模型

建立该技术系统的功能模型，如图 2.8 所示。确定初始问题，该技术系统的初始问题是油漆溢出。

2. 找出功能三元件

与初始问题油漆溢出直接相关的组件为浮标、油漆箱、泵、油漆桶、空气、零件，经过分析可以排除浮标、油漆桶、空气、零件等，那么与初始问题相关的功能三元件为油漆箱容纳油漆、泵移动油漆，如图 3.7 所示。

图 3.7 初始问题功能三元件

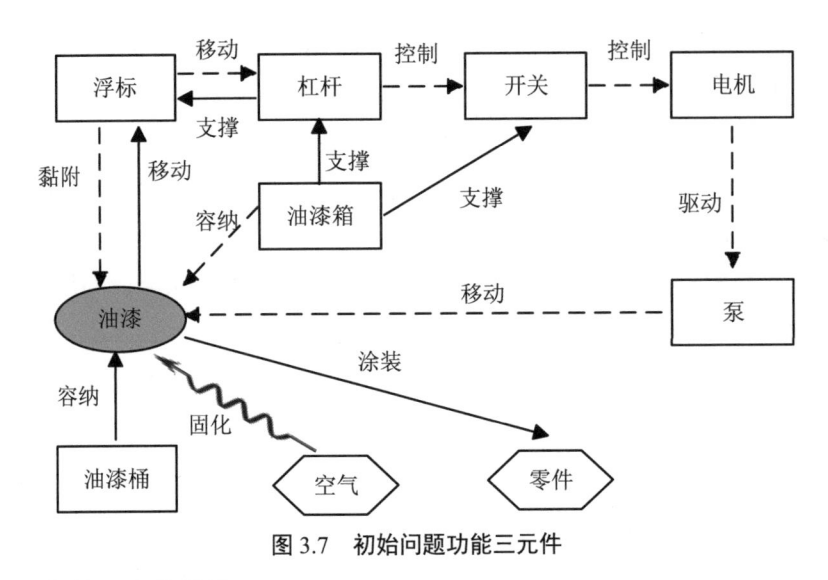

3. 分析三元件属性

（1）油漆箱容纳油漆：油漆溢出（见图 3.8）。

①油漆：油漆溢出。

②容纳：容纳空间不够——油漆箱过小。

③油漆箱：体积过小。

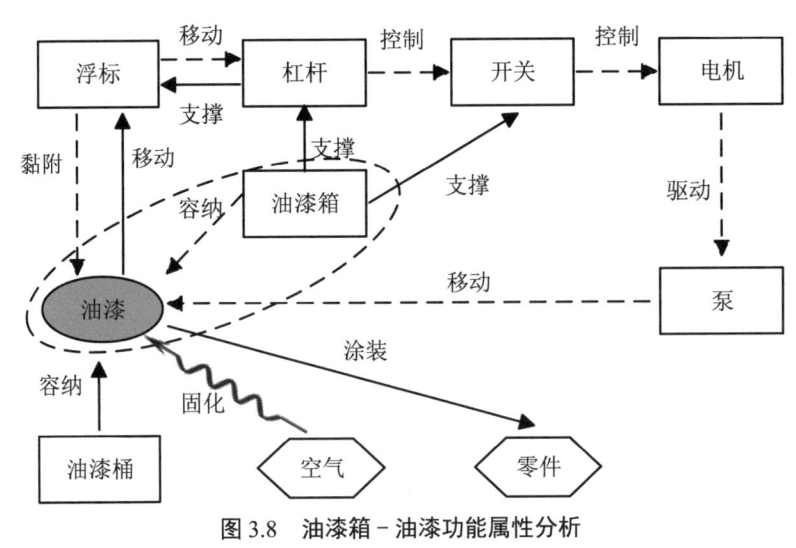

图 3.8 油漆箱-油漆功能属性分析

（2）泵移动油漆：油漆溢出（见图3.9）。

①油漆：油漆过多。

②移动：移动力没有得到有效控制——泵没有有效移动油漆。

③泵：泵没有受到有效的驱动力。

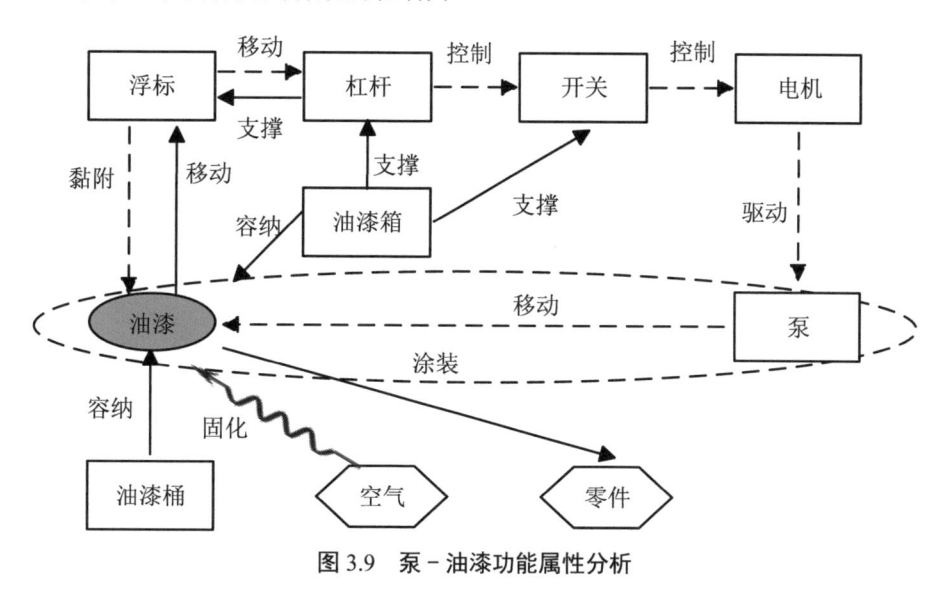

图 3.9　泵 - 油漆功能属性分析

4. 逐级进行功能三元件属性分析

可以看出，油漆箱组件下一层级可以排除，进行泵的下一层级的分析。

（1）电机驱动泵：泵没有受到有效的驱动力（见图3.10）。

①泵：泵的参数——体积大。

②驱动：电机没有有效控制泵。

③电机：电机接收控制信号不准确。

图 3.10 电机－泵功能属性分析

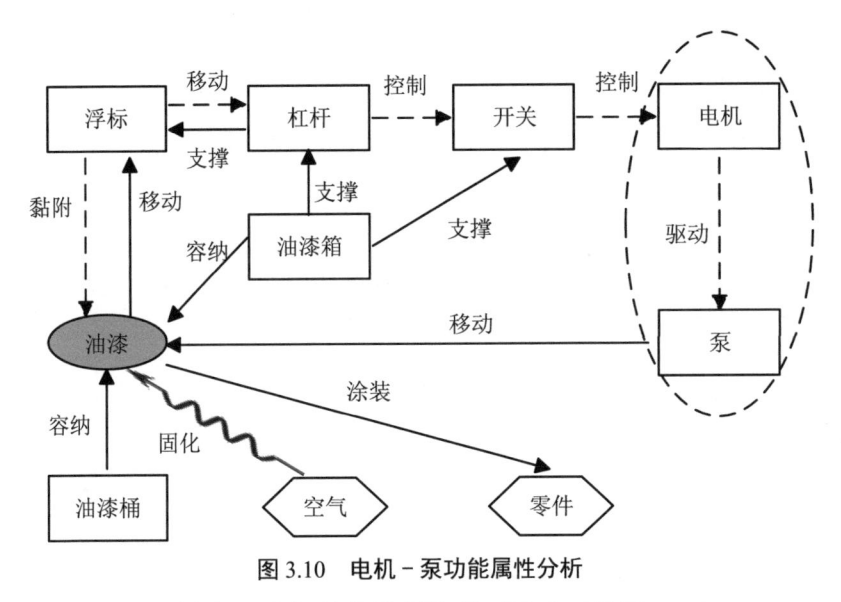

（2）开关控制电机：电机接收控制信号不准确（见图 3.11）。

①电机。

②控制：开关对电机的控制信号不准确。

③开关：开关所受控制信号不准确。

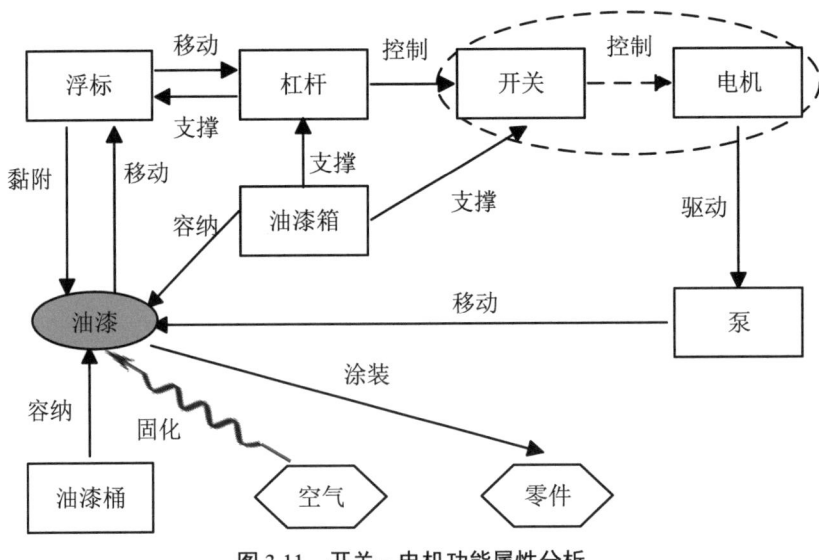

图 3.11 开关－电机功能属性分析

（3）杠杆控制开关：开关所受控制信号不准确（见图3.12）。

①开关。

②控制：杠杆发出控制信号不及时。

③杠杆：杠杆没有被准确移动。

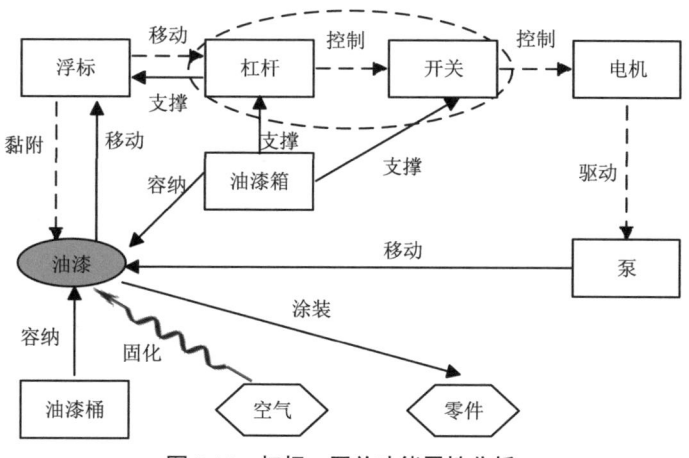

图 3.12 杠杆－开关功能属性分析

（4）浮标移动杠杆：杠杆没有被准确移动（见图3.13）。

①杠杆：杠杆过重——杠杆的材料和属性。

②移动：浮标没有及时移动杠杆。

③浮标：浮标没有上浮。

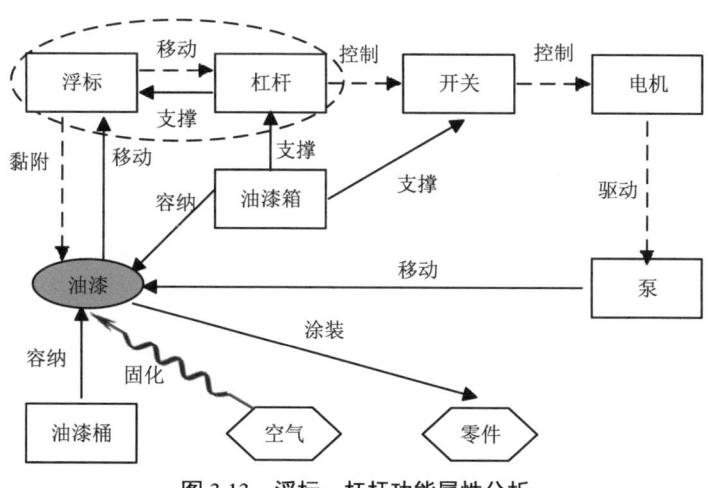

图 3.13 浮标－杠杆功能属性分析

（5）油漆移动浮标：浮标没有上浮（见图3.14）。

①浮标：浮标黏附油漆过多——浮标表面特性——浮标表面粗糙。

②移动：油漆对浮标的移动力不足。

③油漆：空气固化油漆。

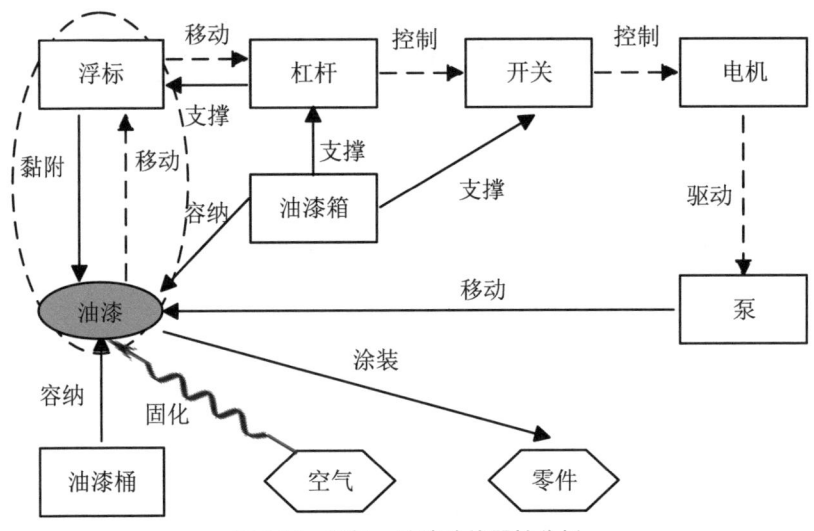

图3.14 浮标－油漆功能属性分析

（6）空气固化油漆：空气固化油漆（见图3.15）。

①油漆：油漆中的溶剂挥发——溶剂易挥发。

②固化。

③空气：空气干燥、温度太高。

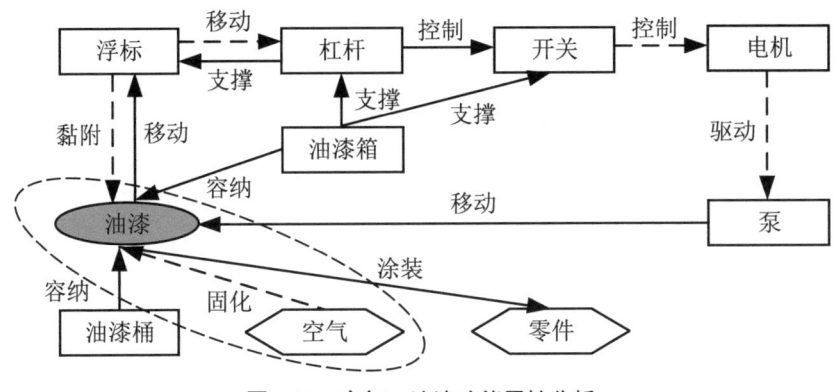

图3.15 空气－油漆功能属性分析

5. 绘制因果链分析图

绘制的因果链分析图如图 3.16 所示。

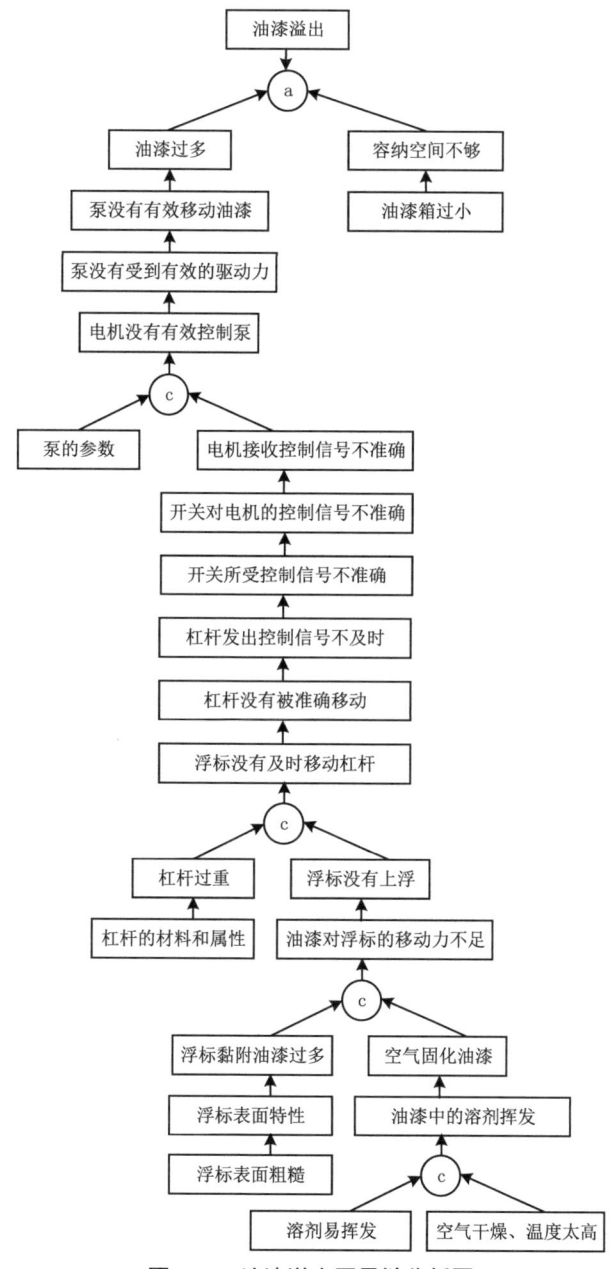

图 3.16 油漆溢出因果链分析图

6. 找出因果链分析图中的关键原因

关键原因在图 3.16 中已经标出。将关键原因转化为关键问题,并给出相应的解决方案,如表 3.2 所示。

表 3.2　油漆溢出因果链分析结果

备选关键原因	可采取的措施	可控制及改变的难度
油漆箱大小	改变尺寸	需考虑空间是否允许
泵的参数	改变泵的参数	需重新设计
杠杆的材料和属性	改变杠杆的材料和属性	需重新设计
浮标表面粗糙	改变浮标的材料或形状	需重新设计
溶剂易挥发	将浮标放置于密闭环境中,防止溶剂挥发	需重新设计油漆箱结构
空气干燥、温度太高	在油漆箱周围加装空调,降低温度	可以操作,难度较低

第4章 资源分析

4.1 资源概述

4.1.1 资源的概念与特征

资源是指一切可被人类开发和利用的物质、能量和信息的总称。

资源具有可生成性、时效性、社会性、有限性和连带性五个方面特征。

1. 资源的可生成性

资源的可生成性是指在一定的自然条件和社会条件下，可以生成或者创造某些资源。例如，大家知道纸张大多是以木材、植物纤维为原料制成的，但是随着技术的进步，现在可以用石头造纸。

2. 资源的时效性

资源的时效性是指在不同的历史时期，有不同的资源，或者在不同的时期，资源的价值不一样。

3. 资源的社会性

资源的社会性是指资源是由人开发的，被人类利用，最终将作用于社会，推动社会的发展。

4. 资源的有限性

资源的有限性是指一切资源的数量相对于人们的需求来说是有限的。

5. 资源的连带性

资源的连带性是指不同资源之间存在着连带与制约的关系，因此，在对资源进行分析时，必须从系统的角度出发，避免因为资源相互制约影响系统的有效运行，或者造成资源的过度消耗与浪费。

4.1.2 TRIZ 中的资源

TRIZ 认为，对系统中可用资源的创造性应用能够增加技术系统的理想度，是解决发明问题的基础。因此，资源分析是 TRIZ 中一种重要的解决问题的工具。创新的本质就是找到并利用好别人没有发现的资源。

4.2 资源分类

4.2.1 资源分类的基本框架

依据资源在系统中所处的区域，可以分为内部资源和外部资源。内部资源是指在冲突发生的时间、区域内部存在的资源。外部资源是指在冲突发生的时间、区域外部存在的资源。依据资源在系统设计当中的可用形态，又可以分为直接资源、差动资源和导出资源。资源的分类如图 4.1 所示。

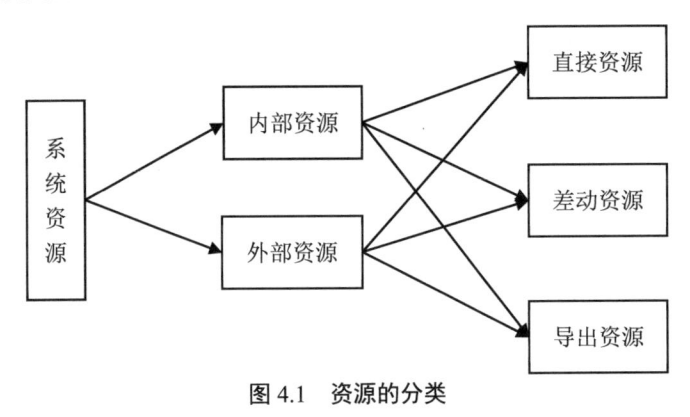

图 4.1 资源的分类

4.2.2 直接资源

直接资源是指在当前存在状态下可被直接应用的资源，包括物质资源、场资源、空间资源、时间资源、信息资源和功能资源。

1. 物质资源

物质资源是指系统内及超系统中的任何材料或物质，例如废弃物、原材料、免费或廉价的物质、水、空气、沙子等。

在直接资源的选择过程中，重要的是根据物质的状态变化或特性去寻找和选择资源，这样往往会更加便捷。

例如：利用水结冰时出现的体积膨胀现象来破开石头；将卡车尾气导入装载沙石的车厢底部，以实现过滤。

2. 场资源

场资源是指系统中或超系统中任何可用的能量或场。系统中较为常用的场资源包括机械能、热能、化学能、电能、磁能、电磁能等。

场资源举例如下。

（1）将火车站建在坡上，利用重力场减缓火车速度，并为起步提供动力。

（2）中国古代四大发明之一的指南针，就是利用磁场来确定方位的。

（3）走马灯利用火焰燃烧产生的热气所形成的热场推动灯罩旋转。

（4）利用风力驱动的帆船，以及当代的风力发电设备，都是利用风能的例子。

3. 空间资源

空间资源包括系统资源及其所处的环境资源，这种资源可以用来放置新的物体，也可以用来在空间紧张时节约空间。可以从以下几个方面去寻找空间资源。

（1）系统元素间的空间。利用电脑主机内的空间，内部元件间可实现空气流，有利元件降温（见图4.2）。

图4.2 电脑主机

（2）系统的表面空间。在充电宝表面开槽，将电源插头与充电线置于槽内，便于携带与使用（见图4.3）。

图4.3 带线充电宝

（3）系统元素内部的空间。战斗机在减小重量、增加马力的同时，提升了油箱的容量。油箱被安排在整个飞机内部和机翼里，能塞的地方全部塞满了航空燃油。除了当燃料之外，燃油还能用作散热液和平衡用的重物（见图4.4）。

图4.4 战斗机油箱

（4）无用元素占用的空间。在公交车外面喷涂广告，提高产品影响力（见图4.5）。

图 4.5 喷涂广告的公交车

（5）未被使用的空间。为解决商区、医院等停车难问题，建立立体车库（见图 4.6）。

图 4.6 立体车库

4. 时间资源

时间资源是指一切可以利用的时间，尤其是没有充分利用或根本没有利用的时间间隔。可以从以下几个方面去寻找时间资源。

（1）过程开始前的时间。去医院看病，通过线上挂号系统提前挂号、缴费，减少等待时间（见图4.7）。

图 4.7　线上挂号系统

（2）过程期间的时间段。混凝土搅拌车在运输过程中对水泥进行搅拌，到达工地直接使用（见图 4.8）。

图 4.8　混凝土搅拌车

(3)同时进行不同过程。采煤机在割煤的同时装运煤（见图4.9）。

图4.9 采煤机

(4)加速过程，节约时间。数控铣床刀具在加工间隙空移动时，往往采用加速移动的方法，以节约总的加工时间（见图4.10）。

图4.10 数控铣床

5. 信息资源

信息资源是指系统及其所处环境当前状态的所有信息，包括系统及其环境的变化信息。在TRIZ中，信息资源往往用于系统或设备的检测和测量。可从以下几个方面去寻找信息资源。

（1）系统及其组成元素产生的场。地秤利用车辆的重力场进行车重测量

（见图4.11）。

图4.11 地秤

（2）脱离系统的物质。当发动机出现故障时，排放的尾气中污染物会增加。根据对汽车尾气的成分分析，可以检测发动机的工作情况（见图4.12）。

图4.12 尾气检查

（3）系统及其组成元素的特性。水龙头通过记忆合金在不同温度下的热膨胀率，可实现温度控制（见图4.13）。

图 4.13　恒温水龙头

（4）通过系统及其组成元素能量的变化。热水器加装温度传感器，以实现自动温度控制（见图 4.14）。

图 4.14　热水器

6. 功能资源

物体或其部件能够完成额外的功能特性，可以看作功能资源。可以从以下几个方面寻找功能资源。

（1）系统及其所处环境可执行有益的功能。在飞机的空气循环系统中加入麻醉气体，以制服劫机犯（见图 4.15）。

图 4.15　通过添加麻醉气体制服劫机犯

（2）将系统及其所处环境的有害功能转换为有益功能。在煤气中加入有强烈大蒜味的乙硫醇，当煤气泄漏时，可以及时采取相应措施（见图 4.16）。

图 4.16　煤气

（3）系统及其所处环境可执行有益功能的合成强化。将打印机、复印机、扫描仪、传真机组合到一起，形成多功能一体机（见图 4.17）。

图 4.17　一体机

4.2.3　差动资源

物质与场的不同特性是一种可形成某种技术的资源,这种资源称为差动资源。差动资源分类如图 4.18 所示。

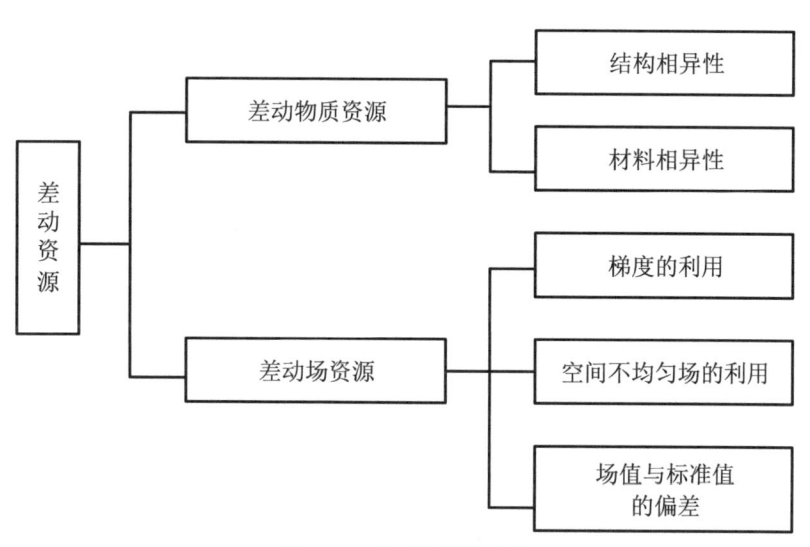

图 4.18　差动资源的分类

1. 差动物质资源

物质结构或材料的差异性使得物质在不同方向或不同条件下的物理性能是不一样的,而这种性能往往在生产、生活中被应用。因此,差动物质资源又可以分为结构相异性差动物质资源和材料相异性差动物质资源。

(1) 结构相异性差动物质资源,如图 4.19 所示。

(a) 光学特性。通过打磨面,使钻石变得璀璨夺目。

(b) 电特性。通过对电磁继电器线圈两端进行加电和断电,可自动控制开关。

(c) 声学特性。超声波已经成为临床医学中不可缺少的疾病诊断方法。

(d) 机械特性。劈木柴时一般沿着最省力的方向劈。

(e) 化学特性。晶体腐蚀往往在有缺陷的点首先发生。

(f) 几何特性。筛选机通过不同网孔筛选粮食。

(a) 光学特性　　　　　　(b) 电特性

(c) 声学特性　　　　　　(d) 机械特性

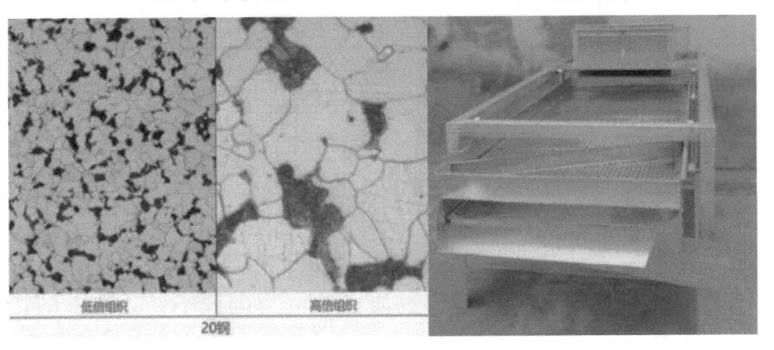

(e) 化学特性　　　　　　(f) 几何特性

图 4.19　结构相异性差动物质资源

(2)材料相异性差动物质资源

不同的材料特性可以在设计中用于实现主功能或有用功能。例如,合金碎片的混合物可通过逐步加热到不同合金的居里点,然后用磁性分拣的方法将不同的合金分开。

2. 差动场资源

场在系统中的不均匀性可以在设计中实现某些新的功能,主要包括以下三种形式。

(1)梯度的利用

在烟筒的帮助下,地球表面与具有一定高度的炉子烟筒产生的压力差使炉子中的空气流动。

(2)空间不均匀场的利用

为了改善工作条件,工作地点应处于声场强度较低的位置。

(3)场值与标准值的偏差

病人的脉搏与正常人的不同,医生通过分析这种不同为病人看病。

4.2.4 导出资源

1. 导出资源概述

通过某种交换使不能利用或原本没有的资源成为可利用的资源,这种可利用的资源称为导出资源。原材料、废弃物、空气、水等经过处理和变换都可用于设计产品,从而变成可利用的资源。

2. 导出资源类型

导出资源类型与直接资源类型相同,区别是直接资源往往很容易就能够得到并利用,而导出资源需要通过发掘才能找到并利用,寻找方式在直接资源部分已经介绍。

4.3 资源分析与利用

4.3.1 资源分析的流程

资源分析的流程如图4.20所示。首先,要明确设计的需求是什么,也就是要解决什么问题。其次，对设计的系统进行功能分析，明确相关组件之间的相互关系。再次，应用因果分析法、进化资源分析法、九屏幕法等从系统、超系统中寻找资源，并将寻找到的资源根据前面的分类方法进行分类列表。最后，依据相应的资源选择和应用原则选择和应用资源。

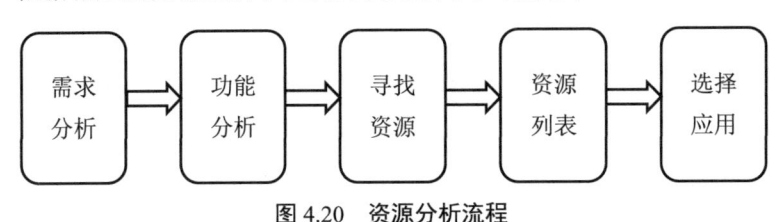

图 4.20 资源分析流程

4.3.2 资源分析的方法

1. 因果分析法

利用因果分析法进行资源分析主要是针对各级影响因素分析寻找解决系统问题所需要的资源。

2. 进化资源分析法

在 TRIZ 中，可以根据进化资源分析法进行分析。首先，在当前系统中寻找资源，分析当前系统的当前状态、上一状态以及潜力状态；其次，分别在不同状态下寻找分析资源，搜索所需资源；最后，进一步分析系统的子系统、超系统的上述三个状态，在不同状态中寻找解决问题的资源。如图 4.21 所示。

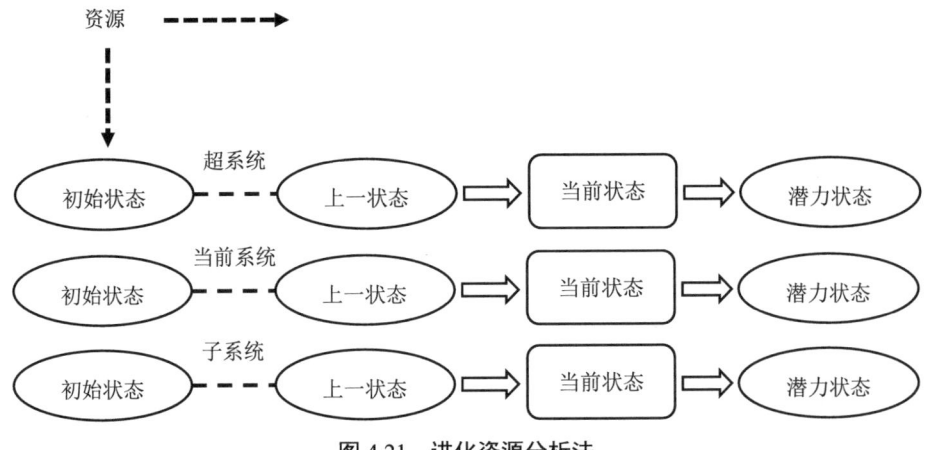

图 4.21 进化资源分析法

3. 九屏幕法

九屏幕法在第 1 章中已经介绍，是将问题在层级、时间维度上展开，在不同维度寻找资源。

4.3.3 资源列表

利用上述方法分析找到资源后，对资源进行分类列表，按照如下步骤进行资源分析，如图 4.22 所示。

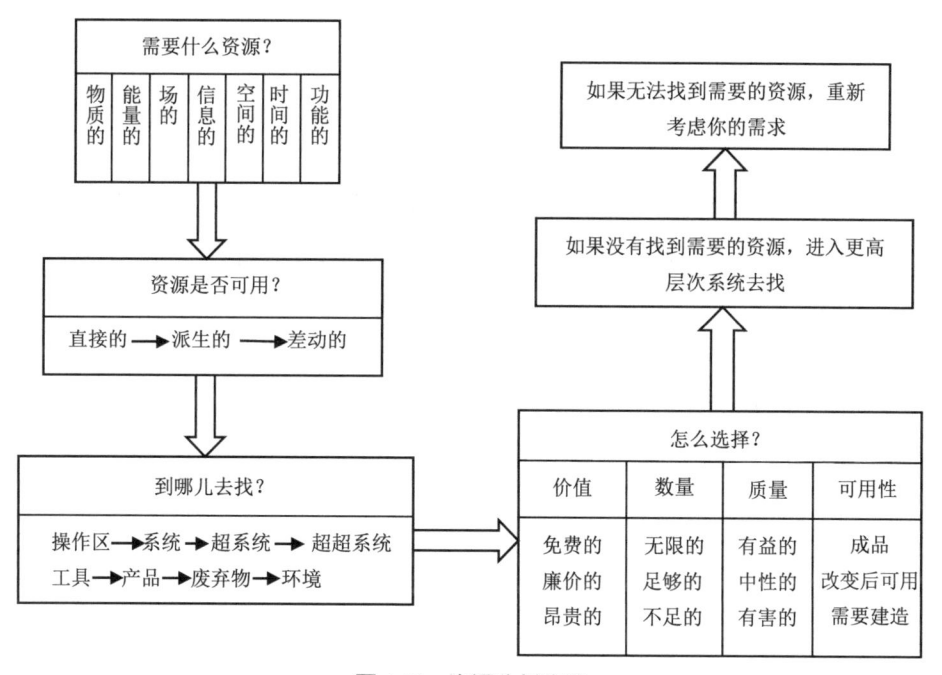

图 4.22 资源分析步骤

4.3.4 资源的利用

1. 资源搜索的原则

资源在搜索过程中要遵循以下三个原则：第一，最小的资源消耗；第二，首先使用系统内部资源，其次使用系统外部资源，如果找不到合适资源，再扩大寻找范围；第三，在寻找资源时要尽可能扩大资源的搜索范围，以找到合适的解决问题的资源。资源搜索原则如图 4.23 所示。

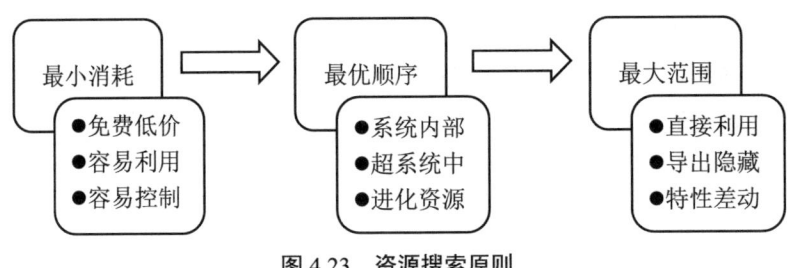

```
┌──────────────┐      ┌──────────────┐      ┌──────────────┐
│   最小消耗   │ ───▶ │   最优顺序   │ ───▶ │   最大范围   │
│  ●免费低价   │      │  ●系统内部   │      │  ●直接利用   │
│  ●容易利用   │      │  ●超系统中   │      │  ●导出隐藏   │
│  ●容易控制   │      │  ●进化资源   │      │  ●特性差动   │
└──────────────┘      └──────────────┘      └──────────────┘
```

图 4.23　资源搜索原则

2. 资源的可利用性分析

（1）资源的数量与质量

在利用资源时，资源数量一般面临三种情况：资源不足、资源充足、资源过剩。资源质量也有三种情况：有用资源、不确定资源、有害资源。

（2）资源的价值与应用方式

资源的价值主要包括三种情况：昂贵的资源、便宜的资源和免费的资源。如果在可用资源都能解决问题的情况下，从成本与效益角度考虑，肯定要选择免费的资源。在直接利用资源、差动资源和导出资源都可以利用时，和前面情况一样，要考虑相应资源的成本，包括时间成本等。

通过上述资源分析过程，如果还没有找到可以解决系统问题的资源，需要再次确认目标问题的准确性。

第 5 章　冲突解决理论与方法

"鱼和熊掌不可兼得",我们的生活充满了冲突。当我们在某方面受益时,往往需要放弃在另一部分受益。在技术系统中,更是存在很多冲突。例如,如果想让桌面面积增大,以放置更多东西,但是桌子越大也会越重。在传统设计中,往往采用折中法,在重量允许的前提下使桌面尽可能大些,得到折中方案,或称降低冲突的程度,但冲突并没有彻底解决。TRIZ 认为,产品创新的标志是解决或移走设计中的冲突,而产生新的有竞争力的解。设计人员在设计过程中不断地发现并解决冲突,推动产品优化。创新设计要做的工作就是解决改进设计过程中的各种冲突,将主要工作聚焦于"冲突"上,最终通过巧妙的方法实现"鱼和熊掌兼得"。

阿奇舒勒将冲突分为管理冲突、技术冲突、物理冲突三类。

1. 管理冲突

管理冲突是指为了避免某些现象的出现或希望获得某些结果,进而需要做一些事情,但不知如何去做。例如,希望提高产品质量,降低原材料的成本,但不知具体如何实施。管理冲突揭示的问题,明确了目标与期望。阿奇舒勒认为,管理冲突本身具有暂时性,而无启发价值,不属于经典 TRIZ 的研究内容。

2. 技术冲突

技术冲突是指一个作用同时导致有用及有害两种结果,也可指有用功能的引入或有害功能的消除导致一个或几个子系统或系统变坏。技术系统常表现为一个系统中两个子系统之间的冲突。常见的技术冲突包括以下三种情况。

(1) 在一个子系统中引入一个有用功能,导致另一个子系统产生一种有害功能,或加强了已存在的一种有害功能。

（2）消除一种有害功能导致另一个子系统有用功能变坏。

（3）有用功能的加强或有害功能的降低使另一个子系统或系统变得更复杂。

3. 物理冲突

物理冲突是指为了实现某种功能，一个系统或组件应具有一种特性，但同时又需要具有与此特性相反的特性。物理冲突常表现为对同一对象有相反的要求。常见的物理冲突包括以下两种。

（1）一个系统中有用功能加强的同时导致该系统中有害功能的加强。

（2）一个系统中有害功能降低的同时导致该系统中有用功能的降低。

以真空吸尘器噪声问题为例分析冲突。

管理冲突：真空吸尘器产生较大噪声，如何降低吸尘器的噪声水平呢？

技术冲突1：如果采用更少的阻尼材料，吸尘器功率足够，但噪声水平太高。

技术冲突2：如果增加阻尼材料，噪声水平会降低，但是吸尘器功率不足。

物理冲突：气流不得不小且平稳，以降低噪声；气流不得不大且波动，以提供有效的吸力：气流既要大又要小，既要平稳又要波动。

5.1 通用工程参数

对于冲突的描述，如果我们用非常具体的产品或技术系统参数来描述，就会发现涉及的参数太多了。建立TRIZ模型描述这些问题时，就会非常复杂，无法操作。通过对大量专利作详细研究，阿奇舒勒提出用39个通用工程参数来描述技术系统、定义冲突，并对通用工程参数进行了编号，如表5.1所示。通用工程参数的使用，使通用化、标准化的冲突描述形式成为可能，便于创新设计人员的交流和研究，促进产品的创新与研发。

表 5.1 通用工程参数

编号	名称	解释
1	运动物体的重量	重力场中的运动物体,作用在防止其自由下落的悬架或水平支架上的力。重量常常表示物体的质量
2	静止物体的重量	重力场中的静止物体,作用在防止其自由下落的悬架、水平支架上或者放置该物体的表面上的力。重量常常表示物体的质量
3	运动物体的长度	运动物体上的任意线性尺寸,不一定是最长的长度。它不仅可以是一个系统的两个几何点或零件之间的距离,而且可以是一条曲线的长度或一个封闭环的周长
4	静止物体的长度	静止物体上的任意线性尺寸,不一定是最长的长度。它不仅可以是一个系统的两个几何点或零件之间的距离,而且可以是一条曲线的长度或一个封闭环的周长
5	运动物体的面积	运动物体内部或外部所具有的表面或部分表面的面积
6	静止物体的面积	静止物体内部或外部所具有的表面或部分表面的面积
7	运动物体的体积	运动物体所占的空间体积
8	静止物体的体积	静止物体所占的空间体积
9	速度	物体的速度或者效率,抑或过程、作用与时间之比
10	力	物体(或系统)间相互作用的度量。在牛顿力学中,力是质量与加速度之积;在 TRIZ 中,力是试图改变物体状态的任何作用
11	应力、压强	单位面积上的作用力,也包括张力。例如,房屋作用于地面上的力,液体作用于容器壁上的力,气体作用于汽缸活塞上的力。压强也可以理解为无压强(真空)
12	形状	形状是一个物体的轮廓或外观。形状的变化可能表示物体的方向性变化或者物体在平面和空间两方面的形变
13	稳定性	物体的组成和性质(包括物理状态)不随时间而变化的性质,物体的完整性或者组成元素之间的关系。磨损、化学分解及拆卸都代表稳定性的降低,增加物体的熵就是增加物体的稳定性
14	强度	物体在外力作用下抵制使其发生变化的能力,或者在外部影响下抗破坏(分裂)和不可逆变形的性质
15	运动物体作用时间	运动物体具备其性能或者完成作用的时间、服务时间以及耐久力等。两次故障之间的平均时间也是作用时间的一种度量
16	静止物体作用时间	静止物体具备其性能或者完成作用的时间、服务时间以及耐久力等。两次故障之间的平均时间也是作用时间的一种度量
17	温度	物体所处的热状态,代表宏观系统热动力平衡的状态特征,还包括其他热学参数,比如影响温度变化速率的热容量
18	光照度	照射到某一表面上的光通量与该表面面积的比值,也可以理解为物体的适当亮度、反光性和色彩等

(续表)

编号	名称	解释
19	运动物体能量消耗	运动物体执行给定功能所需的能量。经典力学中，能量指作用力与距离的乘积，包括消耗超系统提供的能量
20	静止物体能量消耗	静止物体执行给定功能所需的能量。经典力学中，能量指作用力与距离的乘积，包括消耗超系统提供的能量
21	功率	物体在单位时间内完成的工作量或者消耗的能量
22	能量损失	做无用功消耗的能量。减少能量损失有时需要应用不同的技术来提升能量利用率
23	物质损失	部分或全部，永久或临时，物体材料、物质、部件或者子系统的损失
24	信息损失	部分或全部，永久或临时，系统数据的损失。后者系统获取数据的损失，通常也包括气味、材质等感性数据
25	时间损失	一项活动持续的时间。改善时间损失一般指减少活动所用的时间
26	物质的量	物体（或系统）的材料、物质、部件或者子系统的数量，它们一般能被全部或部分、永久或临时改变
27	可靠性	物体（或系统）在规定的方法和状态下完成规定功能的能力。可靠性常常可以理解为无故障操作概率或无故障运行时间
28	测量精度	系统特性的测量结果与实际值之间的偏差程度。比如，减小测量中的误差可以提高测量精度
29	制造精度	所制造产品的性能特征与图纸技术规范和标准所预定的参数的一致性程度
30	作用于物体的有害因素	环境（或系统）其他部分对于物体的（有害）作用，它使物体的功能参数退化
31	物体产生的有害因素	降低物体（或系统）功能的效率或质量的有害作用。这些有害作用一般来自物体或者作为其操作过程中的一部分系统
32	可制造性	物体（或系统）制造构建过程中的方便或者简易程度
33	操作流程的方便性	操作过程中需要的人数越少，操作步骤越少，工具越少，方便性就越高，同时还要保证较高的产出
34	可维修性	一种质量特性，包括方便、舒适、简单、维修时间短等
35	适应性、通用性	物体（或系统）积极响应外部变化的能力，或者在各种外部影响下以多种方式发挥功能的可能性
36	系统的复杂性	系统元素及其之间相互关系的数目和多样性，如果用户也是系统的一部分，将会增加系统的复杂性，掌握该系统的难易程度是其复杂性的一种度量
37	控制和测量的复杂度	测量或者监视一个复杂系统需要高成本、较长时间和较多人力，部件之间关系太复杂会使得系统的检测和测量困难。为了降低测量误差而导致成本提高也是一种测量复杂度增加
38	自动化程度	物体（或系统）在无人操作时执行其功能的能力。自动化程度的最低级别是完全手工操作；中等级别则需要人工编程、监控操作过程，或者根据需要调整程序；而最高级别的自动化则是机器能自动判断所需的操作任务，自动编程和对操作自动监控

(续表)

编号	名称	解释
39	生产率	单位时间内系统执行的功能或者操作的数量，或者完成一个功能或操作所需的时间以及单位时间输出，或者单位输出的成本等

为便于应用，上述通用工程参数可以分为以下三类。

（1）物理及几何参数：1～12（重量、长度、面积、体积、速度、力、应力、形状），17～18（温度、光照度），21（功率）。

（2）通用技术正向参数：13～14（稳定性、强度），27～29（可靠性、测量精度、制造精度），32～39（可制造性、方便性、可维修性、适应性、复杂性、复杂度、自动化、生产率）。当这些参数变大时，系统的性能变好。

（3）通用技术负向参数：15～16（作用时间），19～20（能量消耗），22～26（能量、物质、信息、时间损失，物质的量），30～31（外界有害、系统有害）。当这些参数变大时，系统的性能变差。

当对技术系统参数进行分析并向通用工程参数转换时，如果对具体的通用工程参数有疑惑，可以尝试使用更抽象的语言来描述功能，以便于找到更为准确的通用工程参数。

例如，运输卡车涉及的参数包括车厢体积、发动机功率、重量、速度、耗油量、道路通过性。对于发动机功率和速度，分别对应通用工程参数21（功率）和9（速度）；对于车厢体积和重量，由于运输过程中车体在移动，所以分别对应通用工程参数7（运动物体的体积）和1（运动物体的重量）；对于耗油量，由于车体在移动，所以对应通用工程参数19（运动物体能量消耗），注意不要误认为是22（能量损失）；对于道路通过性，通过分析可知表示的是能适应多种路况，进一步抽象描述是适应多种情况，对应通用工程参数35（适应性、通用性）。经通用工程参数转换后，冲突描述如表5.2所示。

表5.2 用通用工程参数描述的冲突

序号	改善参数	通用参数	恶化参数	通用参数
1	车厢体积	7（运动物体的体积）	重量	1（运动物体的重量）
2	车厢体积	7（运动物体的体积）	道路通过性	35（适应性、通用性）
3	发动机功率	21（功率）	耗油量	19（运动物体能量消耗）
4	速度	9（速度）	耗油量	19（运动物体能量消耗）

5.2 40个发明原理

5.2.1 发明原理概述

阿奇舒勒通过对 10 多万份专利进行分析，发现只有极少数的发明是基于新的科学发现或科学原理的第 5 级发明，而大多数专利是通过专业知识能轻松完成的第 1 级发明。其中，约有 4 万份专利是第 2 级到第 4 级发明。通过对这些专利的深入分析发现，虽然这些发明所处的领域不同，但解决方案表现出比较强的规律性，很多解决问题的原理和技巧是相同的。1971 年，阿奇舒勒总结归纳出 40 个发明原理，并围绕这些原理提出了矛盾矩阵，形成了经典 TRIZ 解决冲突问题的根基。40 个发明原理如表 5.3 所示。

表 5.3 40 个发明原理

序号	名称	序号	名称	序号	名称	序号	名称
1	分割	11	预补偿	21	减少有害作用时间/急速作用	31	多孔材料
2	抽取/分离	12	等势	22	变有害为有益	32	颜色改变
3	局部特性	13	反向作用	23	反馈	33	同质性
4	不对称性	14	曲面化	24	中介物	34	抛弃或再生
5	组合/合并	15	动态化	25	自服务	35	参数变化
6	多用性	16	未达到或过度作用	26	复制	36	相变
7	嵌套	17	维数变化	27	廉价替代品	37	热膨胀
8	重力补偿	18	机械振动	28	机械系统替代	38	强氧化作用
9	预先反作用	19	周期性作用	29	气动或液压结构	39	惰性环境
10	预先作用	20	有效作用的连续性	30	柔性壳体或薄膜结构	40	复合材料

5.2.2 发明原理详解

实践证明，40 个发明原理非常有效。为更好地进行理解与应用，本书对每条原理都列出了更加明确的指导原则，提供了更为详细的解释。

1. 分割原理

分割即把某个物质、系统分解为多个部分。分割方式可以是虚拟的，也可以是真实的。分割可以为系统带来很多新的特性，利用分割带来的新特性，可以有效地进行创新，或者利用分割来规避整体层面的问题，如规避有害作用，增强有益作用。在大多数情况下，分割后往往需要重组。随着技术的进步，分割的程度越来越彻底。分割原理有三个指导原则。

（1）把一个物体分成多个相互独立的部分。

例如：

①将一辆大卡车分成车头和拖车两个独立的部分。

②将一个大型项目分解成若干个子项目。

③一个学校的学生有不同的专业和班级。

④本书分为多个章节。

（2）将一个物体分成容易组装和拆卸的部分。

例如：

①在软件工程中，使用模块化设计。

②将一套家具分解为组合家具。

③拼装式的活动板房非常容易组装和拆卸。

（3）增加物体的分割程度。

随着加工技术、测量技术的进步，物质的分割程度越来越彻底，可以把物体分解为分子、原子等。

例如：

①用百叶窗代替整体窗帘。

②使用粉末状的锡料（锡粉）来替代锡焊丝和焊条，可以获得更好的焊接质量。

③战斗机上用海绵状物质来储油，相当于把油箱分解为无数个微小的油箱。

【例】如何运输高温玻璃板

在玻璃批量生产线上，对玻璃先进行加热然后再进行加工，加工完成后的玻璃仍处于高温通红状态，需要将其输送到指定位置直至冷却下来。现在的问题是，因为玻璃还处于高温状态，比较柔软，在滚轴传输线上输送的过程中会因为重力的作用下垂而变形，导致玻璃表面凹凸不平，后续需要做大量的打磨工作来进行修正。

一般的想法是将传输线上滚轴的直径做到尽量小，以减少玻璃悬空的面积，提高玻璃的平整度。如果把滚轴直径做得像火柴棍一样细，那么玻璃表面的平整度将会大大提高，但细的滚轴其支撑力不足，且结构复杂，造价高。

以上用到了分割原理，当突破常规思维，将滚轴直径一直缩小，尤其是缩小到分子、原子结构层面时，也就将分割做到了极致。此时获得的启发是利用液体来传送高温玻璃，得到解决方法：使用一个盛满熔化锡的槽来传运玻璃，玻璃的温度可熔化锡，即传送带呈现为液体平面，从而提升玻璃表面的平整度（锡的熔点低但沸点高）。

2．抽取/分离原理

抽取就是从整体中分离出一部分，这部分可以是有害的，也可以是有用的。抽取的可以是具体的物质，也可以是某种虚拟的属性。抽取/分离原理有两个指导原则。

（1）从对象中抽取出产生负面影响的部分或属性。

例如：

①最早的空调是一体的，空调压缩机会产生噪声，但随着技术的进步，空调被分成两部分，压缩机挂在室外，可减少噪声对人体的危害（把噪声部分抽取出来）。

②汽车安装尾气收集装置，减少有害物质排放（把尾气从系统中抽取出来）。

③海鬣蜥能够把身体中的多余盐分排出体外（把盐分从身体中抽取出来）。

④避雷针将雷电引入地下（把电抽取出来）。

（2）从对象中抽取有用的部分或属性。

例如：

①电子狗用狗叫声作为报警声，代替养狗（把"狗叫声"从"狗"中抽取出来）。

②稻草人可以吓跑谷田中的小鸟，而不用人去"值班"（把"人的形状"从"人"中抽取出来）。

【例】中药提纯

传统中医药文化是中华民族智慧的结晶，但长期以来，我们对于中药的作用机理研究不够。中药的化学成分十分复杂，既含有多种有效成分，又含有无效成分，有的还包含有害或有毒成分。在治疗中，长期食用中草药，不仅吸收了其有效成分，也服用了大量残渣和杂质，造成负面影响，病人体验不佳。现代社会，通过对中药成分的分析，可以将中药提纯，保留有效成分，去除无用的杂质和残渣，改善治疗效果，减少毒副作用。2015年，屠呦呦获得诺贝尔生理学或医学奖，就是基于青蒿能够治疗疟疾这一发现。屠呦呦经过深入研究，发现了起作用的成分——青蒿素，并经过团队长期攻关，终于攻克了提取青蒿素的工艺，为人类的健康事业作出了卓越的贡献。

3. 局部特性原理

在一个系统中，某些特定的部位可能应该具备一些特殊的属性，以满足整体目标，或者更好地适应所处的环境，抑或更好地满足某种特定的要求。局部特性原理有三个指导原则。

（1）将物体、环境或外部作用的均匀结构变为不均匀的，或者将同类结构改为异类结构。

例如：

①对材料表面作热处理、涂层、自清洁等，以改善其表面质量。

②用密度大的材料做玩偶的底部结构，用密度小的材料做玩偶的上部结构，可做成不倒翁。

③增加建筑物下部墙的厚度，使其能承受更大的负载。

（2）让物体的不同部分各自具备不同的功能。

例如：

①带橡皮的铅笔。

②瑞士军刀，可折叠成多种常用工具，如小刀、剪子、启瓶器、螺丝刀等。

③带起钉器的榔头。

（3）让物体的各部分均处于各自动作的最佳状态。

例如：

①冰箱分为冷藏区、0℃区与冷冻区，每个区域适合储藏不同的食物。

②学生餐盒的不同间隔可用于存放不同的食物。

③非圆齿轮传动机构可实现非匀速传动，主动轮做匀速转动，从动轮做变速转动。

【例】冰箱与烤箱（烘干机）的结合

传统上，冰箱和烤箱（或烘干机）被认为是水火不容的两种家电，冰箱用来制冷，而烘干机和烤箱用来制热。随着技术的进步与研究的深入，人们逐步发现两者是互补结构。现在市场上出现了多种冰箱与烤箱（或烘干机）的一体机，这种机器可以用冰箱压缩机产生的热来给烤箱或者烘干机提供热量。

4. 不对称性原理

所谓对称，就是各向同性。所谓不对称，就是各向异性。增加不对称性是把对称的（均匀的）形状、形态、结构、密度等属性变为不对称的、无规则的。让物体保持一个不对称状态，往往可以适应复杂的环境特性要求，解决实际问题。不对称性原理有两个指导原则。

（1）将对称物体变为不对称的。

例如：

①电脑上的通用串行总线（universal serial bus，USB）口为不对称结构，可以防止插反。

②天平是对称的，但杆秤是不对称的，杆秤用起来更方便。

③不对称的雨伞更实用。

④飞机机翼上下是不对称的，这样可以产生升力。

（2）增加不对称物体的不对称程度。

例如：

①对于杠杆来说，动力与阻力的大小和动力臂与阻力臂的长度成反比。如果增加不对称程度，则可以用很小的力量撬起很重的物体。

②增加钥匙的不对称性，可以提高锁的安全等级。

③为提高焊接强度，将焊点由原来的椭圆形改为不规则的形状。

【例】聪明的气罐

很多家庭使用罐装液化石油气，但让人们烦恼的是，不知道罐里的液化气何时用完，所以常常不能及时更换。为实现液化气罐自动预报的功能，可设计一个基于非对称原理的解决方案。

在液化气罐的传统结构设计中，罐的底面一般是完整的圆形。现在采用非对称的结构，将罐的底面做成部分斜面，如图 5.1 所示。这样，当有液化气在罐底部时，罐保持直立，一旦液化气消耗完，底部失去压重物，罐会在重力作用下歪向一边，提示用户及时更换。

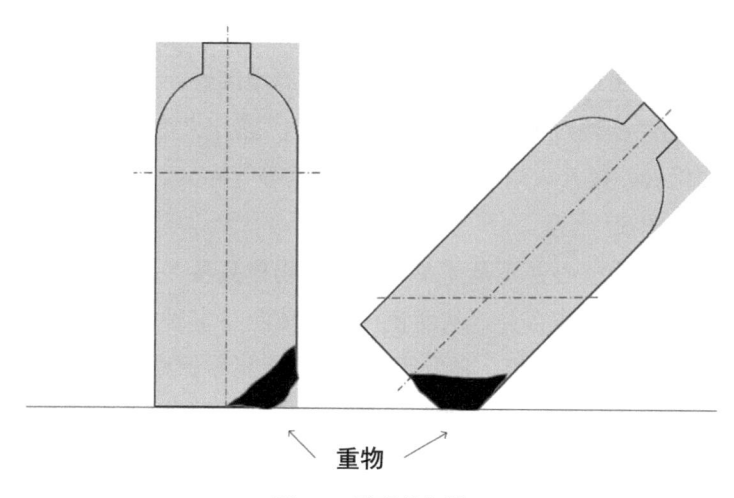

图 5.1 聪明的气罐

5. 组合 / 合并原理

组合是一种非常常用且有效的方法，组合可以是空间上的合并或者时间上的合并。多种功能和特性在某种维度上的组合，产生一种新的、更好的功能。组合 / 合并原理有两个指导原则。

（1）在空间上，将相同的物体或相关操作加以合并。

例如：

①互联网就是把多台电脑组合在一起，实现资源共享。

②集成电路把成千上万个元器件做到一块电路板上。

③将多个专家组合为科研团队，可以有效提升研发效率。

（2）在时间上，将相同或相关的操作进行合并。

例如：

①冷热混合水龙头把热水管和冷水管组合在一起，可以实现调节水温。

②将摄像机、照相机和望远镜组合在一起，可以同时实现摄像、照相、

放大的功能。

③联合收割机可以同时实现收割、脱粒和运输的功能。

【例】火炮的发展

火炮自从出现以来,一直都是常规战争的主角,有时还决定着战争的胜负。在战争中,对于火炮的要求是打得准、打得远,还要机动性好、跑得快。从早期原始火炮到现代火炮,除了材料和加工工艺的进步外,组合原理得到了大量的应用。通过与雷达组合,提升火炮的精准性;通过与底盘组合,提升火炮的机动性;通过与计算机和网络组合,提升火炮的信息化作战能力;通过与装甲组合,提升火炮的自我防护能力;等等。

6. 多用性原理

多用性原理的核心并不是简单地让某种物体具备多种功能,而是将不同的功能或非相邻的操作合并,从而使一个物体具备多种功能,能够将原来承载这种功能的物体被裁剪掉。该发明原理有两个指导原则。

(1)让一个物体具备多项功能。

例如:

①瑞士军刀具备多项功能。

②锤子的另一端为羊角,可以起钉子。

③水陆两用坦克。

(2)消除了该功能在其他物体内存在的必要性后,进而裁剪掉其他物体。

例如:

①用牙刷柄来容纳牙膏,从而可以裁剪掉牙膏袋。

②用眼镜鼻夹来固定镜片,从而可以裁剪掉眼镜腿。

7. 嵌套原理

如果大家见过俄罗斯套娃,就很容易理解嵌套原理。一般来说,在空间有限的情况下,要优先应用这条发明原理。该原理有两个指导原则。

(1)将一个物体嵌入另一物体,然后把这两个物体再嵌入第三个物体,以此类推。

例如:

①老式电视的伸缩式室内天线。

②照相机的变焦镜头。

③吊车的吊臂。

（2）把一个物体穿过另一个物体的空腔。

例如：

①伸缩门。

②汽车安全带卷缩结构。

③飞机起落架在飞机起飞后收到机体的内部。

④电缆穿过套管。

【例】火星车轮胎

为了探索火星，人类将火星车发射到火星上。火星车为了保证通过性，通常具有相对高大的轮胎，重心做得非常高。当火星车行驶在火星的山地上时，由于地面不平导致颠簸，火星车很容易倾覆，这时需要降低火星车的重心。

因为轮胎内部是空腔，可以在轮胎内部放入一些圆形的铁球，这些铁球会随着轮胎的滚动而滚动，始终处于最低点，从而降低火星车的整体重心。

8.重力补偿原理

在地球上，重力无处不在。在我们的设计中，既要考虑不要直接克服重力去做功（克服重力做功不是一个聪明的做法），更要想到重力是一个重要的廉价资源。要用各种方式去补偿重力，能够利用的资源有气体的浮力、液体的浮力、电荷的互斥力或吸引力、磁铁的互斥力或吸引力、其他物体的重力、流体力学的相关规律等。重力补偿原理有两个指导原则。

（1）将物体与另一个能提供上升力的对象组合，以补偿其重力。

例如：

①用气球来拉起广告条幅（用气球的升力来补偿条幅的重力）。

②电梯轿厢的配重。

③打捞船所带的浮箱。

（2）通过与环境的相互作用（空气动力、液体动力或其他力）实现物体的重力补偿。

例如：

①飞机机翼的形状可减小机翼上面空气的密度，增加机翼下面空气的密

度，从而产生升力。

②水翼可使船只整体或部分浮出水面，减小阻力。

③直升机的螺旋桨可以产生升力。

【例】怀丙和尚捞铁牛

蒲津桥是连接黄河两岸的一个浮桥，桥两端各有四个大铁牛用来固定浮桥的铁索。宋时有一年，蒲津桥被百年不遇的特大洪水冲毁。入地丈余的八大铁牛不仅被拉出了地面，还被拖到水中。可是，怎样才能将这几千斤重的笨重铁牛捞上来呢？宋朝官吏无计可施，便贴出榜文，招募人才。

相传河北正定有个和尚，叫怀丙，既乐于助人，又聪明多智。他看到榜文，便急忙赶到蒲津渡。经过现场勘察，怀丙和尚想出了一个办法。他找来两艘大船，将船上装满沙土，将一根大木头放在两只船上，呈"工"字形，一根很粗的绳索，水上绑在大木头两端，水下拴住铁牛。然后，大家逐步把船上的沙土卸掉，此时，船的浮力越来越大，这个浮力与铁牛的重力相抵消。随着沙土的减少，船逐渐浮高，铁牛便被拉了上来。

9. 预先反作用原理

如果我们知道系统在工作过程中会受到某种有害作用，那么就可以在系统工作前对系统施加一个相反的作用，来抵消这种有害作用。预先反作用原理有两个指导原则。

（1）施加机械应力，以抵消工作状态下不期望的过大应力。

例如：

①预应力钢筋混凝土。对于工作状态为受拉的混凝土，提前配置产生压力的钢筋。

②预应力螺栓，可以预防螺栓松动。

（2）对有害的作用或事件预先采取相反的作用。

例如：

①快递公司为了防止运输中对物品的损坏，用发泡材料或瓦楞纸进行包装。

②消防员把自己淋湿再冲进火场救火。

【例】工厂的酸液

某化工厂在生产中要产生大量的废酸，酸液不能直接排放，会污染环境。在酸液的收集和存放期间，酸液坑也会产生很多的负面效应，腐蚀收集坑。可以应用预先反作用原理来解决。在坑底预先放置碱性物质，如石灰，这样酸液就会和碱性物质发生中和反应，生成有害性小的盐。

10. 预先作用原理

如果系统在未来工作阶段需要执行某种操作，则可以提前为这种操作提供一些预先的操作。预先操作可作为未来操作的一部分。预先作用原理有两个指导原则。

（1）预先对物体（全部或部分）施加必要的改变。

例如：

①医生在为骨折病人打的石膏上预先留有沟槽，便于拆除。

②先把食品做熟，便于食用，如方便面。

③产品生产前先做市场调研工作。

（2）预先安置物体，使其在最方便的位置开始发挥作用而不浪费时间。

例如：

①预先在公路上设置加油站，以备汽车在燃油耗尽时能够及时加油。

②手术前，将手术器具按使用的顺序排列整齐。

③商场内预先放置灭火器。

【例】邮票孔的故事

1840年，英国首次正式发行邮票。最早的邮票和现在的邮票不一样，邮票的四周没有齿孔，许多邮票连在一起，使用的时候，得用小刀裁开。1848年的一天，英国发明家阿切尔（Archer，1813—1858）到伦敦一家小酒馆喝酒。在发明家的身旁，一位先生手拿着一大张邮票，右手在身上翻着什么。看样子，他是在找裁邮票的小刀。那位先生摸遍全身所有的衣袋也没有找到小刀，只好向身边的人求助。"先生，您带小刀了吗？"阿切尔摇摇头，说："对不起，我也没带。"那位先生想了想，从西装领带上取下一枚别针，在每枚邮票的连接处刺上小孔，邮票很容易地便撕开了，而且撕得很整齐。阿切尔被那位先生的举动吸引住了。他想：要是有一台机器能给邮票打孔，不是很好吗？阿切尔开始了研究工作。很快，邮票打孔器造出来了。用它打过的整张邮票，可以很容易地撕开，使用的时候非常方便。英国政府部门立即使用了这种机器。直到现在，世界各地仍然使用邮票打孔器。

11. 预补偿原理

预补偿原理有一个指导原则：采用事先准备好的应急措施，以补偿物体相对较低的可靠性。

例如：

①为了预防在海滩上被晒伤，提前涂抹防晒霜。

②汽车上安装安全气囊。

③跳伞运动员在跳伞时会带一个备用伞，当主伞打不开时，使用备用伞。

④建筑物中设置防火通道，供人员在紧急情况下疏散。

⑤汽车上有一个备用轮胎。

【例】富人儿子的饺子皮

传说清代河北某地有一人非常节俭，一生舍不得吃、舍不得穿，苦苦经营，终于置就一份大产业，成为远近闻名的富人。可惜此人不善教育孩子，唯一的儿子好吃懒做，喜欢铺张浪费。富人知道儿子已经不可救药，但还是求自己最忠实的仆人在他死后能够帮自己儿子一把。

富人的儿子对仆人的劝告置若罔闻，天天花天酒地。他有个爱好，喜欢吃饺子，但他只吃饺子馅和饺子中间的薄皮部分，不吃饺子皮两端的厚皮部分。没有几年，家产就被他败个精光，只得流落街头，沿门乞讨。乡邻们厌恶这个人，没人愿意施舍他。

这时，当初的老仆人主动上街，把富人的儿子领回家，亲自给他做了一碗面汤。富人的儿子吃后，感觉简直是人间美味，难以形容，就问仆人这碗面汤是用什么做的，仆人说道："这就是你当初扔掉的饺子皮啊！我知道你迟早会有这么一天，所以以前在你吃饺子的时候，我都会捡起你的饺子皮晒干储藏起来，现在看来，这是救了你的命啊！"

12. 等势原理

改变物体的工作条件，始终在相同的高度上执行某个过程或操作。也可以对等势原理进行扩展：如果改变某个参数要消耗资源，就保持在某个固定的参数值上。该发明原理有一个指导原则：改变操作条件，以减少物体提升或下降的需要。

例如：

①在现代物流系统中，装货台与卸货台的水平高度设计成与汽车车厢高度一致。

②在汽修厂中设置维修地沟，可以在维修汽车时避免提升汽车（汽车位势保持不变）。

③三峡大坝中设有船闸，可以通过调整船闸水位实现轮船通行。

【例】铁塔是否在下沉

某地有一座古铁塔，由于地质原因，现在科学家怀疑这座铁塔在下沉，但是无法通过测量铁塔到地面的距离来判断是不是这样，因为铁塔所在的地面也有可能在下沉。经过寻找，发现在距离铁塔 1.5 千米的地方有片坚硬的岩层，这片岩层并没有下沉。但直接测量铁塔与岩层间的距离存在困难，因为距离太远。有什么简单的办法可以测量呢？

通过等势原理，可以设计一个连通器，在铁塔上某个位置安装一个玻璃管，在岩层的相同高度也安装一个玻璃管，用长长的胶管把两个玻璃管连接起来。在玻璃管中灌入水，在初始位置标示出水的高度，如果水的高度上升，则说明铁塔在下沉。

13. 反向作用原理

把一个系统颠倒过来，如在空间上颠倒、时间上颠倒，或者在逻辑关系上颠倒，可能会得到意想不到的收获。反向作用原理有三个指导原则。

（1）用相反的动作代替问题定义中所规定的动作。

例如：

①为了把两个紧密接触的零件分离，可以冷冻内部零件，而不是加热外部零件。

②可以把传统的黑板改成白板，把白粉笔改成黑色马克笔。

③移动一个物体时，可以推，也可以拉。

（2）把物体上下或内外颠倒过来。

例如：

①当瓶子里的洗发液不多时，可以把瓶子倒过来放，这样洗发液更容易

倒出来。

②把米袋子反过来，更容易清洗。

③安装螺栓时，把工件放在下面，向下安装螺栓更容易。

（3）让物体或环境，可动部分不动，不动部分可动。

例如：

①电动机的设计，把重的部分设计成定子，把轻的部分设计成转子。

②机床加工中，让工件旋转，刀具固定。

【例】流水线的故事

在传统的工厂中，正在加工的工件保持不动，而工人则分组完成不同的工作。工人在工厂里面不停地移动，浪费了大量的体能。能否反过来，让工件移动，工人不动呢？对此，很多人进行了探索。

19世纪末期，随着技术水平的进步，各种传送装置被制造出来，在此基础上，美国的亨利·福特（Henry Ford，1863—1947）设计了成熟的流水线。在流水线上，人的位置保持不动，工件则随传送装置移动，大大提高了作业效率。

14. 曲面化原理

如果把空间中的直线变为曲线，平面变为曲面，直线运动变为圆周运动，平面运动变为球面运动，则可带来很多有益的效果。曲面化原理有三个指导原则。

（1）用曲线代替直线，用曲面代替平面，用球体代替多面体。

例如：

①将两表面间的直线或平面结构改为圆弧结构，可以减少应力集中。

②拱形桥可以用更小的自重实现更大的承重能力。

③等量的材料，制作成球体表面积最小，而体积最大。

（2）采用滚筒、辊、球、螺旋结构。

例如：

①轮子是人类非常伟大的发明。

②螺旋齿轮可以提供均匀的承载力。

③螺旋楼梯节省面积。

(3) 利用离心力,用回转运动代替直线运动。

例如:

①过山车原理。

②万米长跑也可以在 400 米环形跑道上完成。

③螺丝固定比钉子固定更结实。

【例】神奇的莫比乌斯环

科幻故事《黑暗的墙》中,哲人格里尔手里拿着一张纸,对同伴不里尔顿说:"这是一个平面,它有两个面。你能设法让这两个面变成一个面吗?"

不里尔顿惊奇地看着格里尔说:"这是不可能的。"

"是的,乍看起来是不可能的,"格里尔说,"但是,你如果将纸条的一端扭转 180°,再将纸条对接起来,会出现什么情况?"

不里尔顿将纸条一端扭转 180° 后对接,然后粘贴起来。

"现在把你的食指放到纸面上。"格里尔说。

不里尔顿已经明白了格里尔的智慧,他移开了自己的手指。"我懂了!现在不再是分开的两个面了,只有一个连续的面。"

这就是以著名的德国数学家莫比乌斯命名的"莫比乌斯环"。

很多人利用这个奇妙的"莫比乌斯环"来作发明。大约有 100 项专利均是基于这个奇妙的环,有砂带机、录音机、皮带过滤器等。"莫比乌斯环"正是曲面化原理的典型代表。

15. 动态化原理

让系统的各个组成部分处于动态,也就是各部分是可调整、可活动和可互换的,从而让每个部分的动作都处于最佳状态。动态化原理有三个指导原则。

(1) 调整问题或环境的性能,使其在工作的各个阶段都达到最优状态。

例如:

①汽车上的方向盘、座椅、后视镜、反光镜都做成可调整的。

②形状记忆合金。

③柔性生产线,各部分都能调整,从而可以在一条生产线上生产不同的产品。

(2) 分割物体,使其各部分都可以改变相对位置。

例如：

①新式笔记本电脑分解为屏幕、键盘两部分。

②铲车的多功能铲斗。铲斗可分解为铲管、铲头和铲尾，各部分都可调整。

③蛇皮管台灯，支柱可分解为多个部分。

（3）如果一个物体整体是静止的，使之移动或可动。

例如：

①移动式电脑椅。

②电子相框可以灵活显示多张照片。

③塔吊基座建在铁轨上，可以做出"行走"的塔吊。

16. 未达到或过度作用原理

如果很难精准地控制最终的加工效果，则可以通过比某种标准作业方式"少做一点"或"多做一点"，然后再换一种作业方式，修正到最终目标。这样做可以大大降低解决问题的难度。未达到或过度作用原理只有一个指导原则，即当期望的效果难以百分之百实现时，稍微超过或稍微小于期望效果，会使问题大大简化。

例如：

①印刷时，稍微多喷一些油墨，再去除多余部分，会使字迹更清晰。

②在地板砖缝隙中填充更多的白水泥，然后再打磨掉，会使地面更平整。

③铸造时设置冒口，让更多的液态金属进入型腔，然后再打磨掉冒口。

【例】快速切割钢管

现在要生产一种直径1米、长度12米的钢管，原材料为带状卷料，在钢管弯卷焊接设备上进行加工。此设备以连续的2米/秒的速度输出焊接完成的钢管，所以需要每6秒完成一次切割。因为切割设备的电锯切割这1米直径的钢管需要一定的时间，而钢管在连续向前输出，所以切割设备需与钢管在同步前进中进行切割，切割完成后还需要快速返回到原来的位置，以开始对下一段钢管的切割，切割和返回的动作需要在6秒之内完成。

现在的矛盾是，切割设备的功率选择和移动速度产生了矛盾：大功率的设备切割速度快但比较笨重，移动起来缓慢；小功率的设备比较轻巧，可快速移动，但切割时间会比较长。工程师们陷入了激烈的争论，最后折中方案占据了上风,那就是降低钢管弯卷焊接设备的输出速度。

可以事先将带状原材料钢板进行切割,但是不完全切断,要保留部分连接以保证弯卷焊接过程中的足够连接强度,这样在后续切割中,只切断保留的部分就可以了。最后,以一个振动来实现钢管的切割,生产效率得到了大幅提升。

17. 维数变化原理

维数变化原理通过一维变多维,或将物体转换到不同维度来解决问题。该发明原理有四个指导原则。

(1)如果对象沿着一条直线运动,则可以变为二维运动,同理,二维平面可转换为三维空间的运动,从而消除问题。

例如:

①迫击炮的弯曲弹道使得它可以隔山打击敌军目标。

②波纹结构被广泛地应用到多个行业中。

③在另一个维度上加强钢板,形成"工"字钢、T形钢等。

(2)单层排列改为多层排列。

例如:

①用楼房代替平房,可以获得更大的空间。

②立体车库可停放更多的车辆。

③货物分层码放。

(3)把物体倾斜或侧向放置。

例如:

①自动卸载汽车。

②斜置手机安置箱。

(4)利用给定表面的反面。

例如:

①双面胶带。

②双面运动服。

【例】穹顶建筑的参观电梯

某个城市有个宏伟的穹顶建筑,就像一个巨大的半球。为了方便人们参观,在这个建筑内部安装了一部螺旋形的电梯。建造方式是在穹形建筑内部固定了一个螺旋形的轨道,轨道是用坚固的钢管制作的,电梯就在钢管上方运行。当电梯运行到顶部后,游客则从一个小门出去,然后穿过建筑,从建筑外部的电梯下来。

由于某些原因,外部电梯必须拆除,这样一来,游客只能一批先上去,下来后,新的一批游客才能上去。有人建议从内部对电梯进行改造,让游客从建筑内部乘电梯下来,并且不影响下一批乘客上行。现在的问题是,再在上下螺旋间新造一条轨道加电梯轿厢的话,内部空间不足,如何解决?

根据维数变化原理,可在上升螺旋电梯的径向并排布置下降电梯,上下电梯采用同一螺旋钢管结构。

18. 机械振动原理

机械振动原理是运用某种作用让对象产生机械振动。改变振动的频率或者产生共振,利用振动,在某个区间产生一种规则的、周期性的变化。该发明原理有五个指导原则。

(1) 使物体处于振动状态。

例如:

①振动式压路机,碾压效果更密实。

②振动棒可以让混凝土更均匀,并排出混凝土中的空气。

③振动筛的效果更好。

(2) 如果物体已处于振动状态,提高其振动的频率(直到超声状态)。

例如:

①超声波无损探伤。

②超声波洗衣机。

(3) 利用共振现象。

例如:

①音叉在共振下发出悦耳的声音。

②利用共振效应拆除大楼。

(4) 用压电振动代替机械振动。

例如:

①石英表中的石英振动芯。

②利用压电振动器可以改善喷雾嘴对流体的雾化效果。

(5) 超声波振动和电磁场。

例如：

①感应电炉中既有超声波振动又有电磁场。

②高频炉中的电磁搅拌。

【例】超声波洗衣机

常规全自动洗衣机的洗涤原理通常都是通过波轮或滚筒的反复旋转，扰动水流，使衣物移动发生相互摩擦等机械方式来完成的。这需要用很多洗衣液，污染环境，耗水、耗电量大，衣物易缠绕且易磨损，但同时洗涤效果也不够理想。

超声波洗衣机是在洗衣机内部装有超声波高频振荡器，应用超声波原理，产生高频振荡波，使水流及衣物间产生大量微小气泡，利用气泡破裂时产生的气压冲击波，使污垢与衣物彻底分离，自动完成洗涤；可不用或少用洗衣液，改善环境污染，节约水资源，洗涤效果更好，并且洗衣机可以做到很小，便于移动使用。

19. 周期性作用原理

周期性作用原理是通过有节奏的行为（操作方式）、振幅和频率的变化以及脉冲间隔来实现周期性运动。系统不是越稳定越好，应用一个不稳定的、变化的并且可控的系统，可以解决稳定不变的系统问题。该发明原理有三个指导原则。

(1) 用周期性动作或脉冲代替连续动作。

例如：

①警车上的警笛周期性工作，更容易引起人们的注意。

②汽车上的制动防抱死系统（antilock brake system，ABS）可以保证汽车在光滑的路面上安全行驶。

③打桩机的周期性动作。

(2) 如果周期性动作正在进行，改变其运动频率。

例如：

①洗碗机针对不同规格的碗采用不同的水流脉冲。

②针对不同材料的路面，振动式压路机可调整不同的频率。

（3）在脉冲周期中，利用暂停来执行另一个有用动作。

例如：

①在打桩机的周期间歇中，执行矫正动作，避免桩体被打歪。

②自来水厂为了防止过滤器堵塞，每过一定时间就反向冲洗一次。

【例】热机的发明

在机械领域，周期性作用可谓无处不在，最典型的就是热机的运行原理。在现代热机发明以前，人们早就发现能量转化的秘密，但人类只能在极短的时间内利用热能转化为动能的过程，如通过加热使物体膨胀。如何实现热能到动能的持续转化呢？经过长期的探索，人类终于发明了引入其他非做功行程，形成周期性运转的装置。瓦特改进的蒸汽机主要改善了机器的运转过程，设计了更为科学的运转周期。其他热机，如汽油机、柴油机等无不是周期性运转的。

20. 有效作用的连续性原理

要对动态系统在全时间和全空间进行检查，保证流程的连续性，消除所有的空闲和间歇，提高效率。有效作用的连续性原理有两个指导原则。

（1）物体的各部分同时满载持续工作，以提供持续可靠的性能。

例如，现代流水生产线能够保证负荷均匀。

（2）消除空闲和间歇性动作。

例如：

①针式打印机在回程时也执行打印操作。

②在物流系统中，配货站让大货车在回程时不空载，也分配运输任务。

【例】盾构机的工作原理

在传统的地下隧道挖掘中，需要将工程分为几个段，每掘进一段，就要停下来运输挖出来的土，同时对隧道进行支护，然后再挖掘下一个段。能否连续掘进，减少停顿，提高效率呢？盾构机就是这样一个发明，它能够连续完成挖土、支护、运出渣土等几个动作，保证掘进作业是连续的。现代盾构掘进机集光、机、电、液、传感、信息技术于一体，具有开挖切削土体、输送土、拼装隧道衬砌、测量导向纠偏等功能，涉及地质、土木、机械、力学、液压、电气、控制、测量等多门学科技术，而且要按照不同的地质进行"量体裁衣"式的设计制造，可靠性极高。盾构掘进机已广泛应用于地铁、铁路、公路、市政、水电等隧道工程。

21. 减少有害作用时间/急速作用原理

对于系统中的有害作用，可以设法加快其作用的速度，减少其作用时间。减少有害作用时间/急速作用原理有一个指导原则：将有害的流程或步骤在高速下进行。例如，医生给病人打针的动作非常快。

【例】快刀斩乱麻

中国有句俗语叫"快刀斩乱麻"，其中蕴含着深刻的道理。乱麻之所以很难被斩断，是因为其具有柔韧性，如果出刀太慢，乱麻很容易变形，导致不能切断，或切口不平整；而如果用一把快刀高速削下去，则乱麻还没有来得及变形就被切断了。相同的道理，在机械加工领域就是"高速切削"。在切割具备柔性的材料时，如切割塑料管时，会设计一种专门的快速刀具，以非常快的速度与切削对象相对运动，并且被切削对象来不及变形，切口非常平整，保证了切削质量。

22. 变有害为有益原理

变有害为有益原理是找到相应的途径，把系统中的有害因素与其他作用相结合，以消除有害性，或者利用有害性，从而增加系统的价值。该发明原理有三个指导原则。

（1）利用有害的因素（特别是环境中的有害效应），得到有益的结果。

例如：

①利用垃圾燃烧发电。

②医学上利用蛆虫来去掉伤口周围的腐肉。

③氧化作用会让铁生锈，但过度的氧化作用可以在铁表面形成致密的氧化保护层。

（2）将两个有害的因素结合，进而消除它们。

例如：

①酸性废弃物与碱性废弃物可以中和。

②"以毒攻毒"。

（3）增大有害性的幅度，直到有害性消失。

例如：

①在森林和草原发生火灾的时候，往往需要再次人为纵火，烧出一条隔离带。

②利用爆炸来扑灭油田大火。

【例】会发电的旋转门

很多商场和酒店门口都安装了旋转门。旋转门旋转的速度不能太快，否则容易出现夹人事故，所以手动旋转门都需要人为增加阻尼。这种阻尼实际上是一种能源浪费。可以设计一种方案，让这种能源浪费变有益。

用磁性材料制作旋转门内柱，在柱子外面的套管上缠绕线圈，做成一个发电机。在能量转化过程中，自动产生阻尼，既避免了快速旋转，又可以发电。

23. 反馈原理

反馈原理是指将系统的输出信息作为一种信息源返回输入端，增强对输出的控制。反馈原理有两个指导原则。

（1）向系统中引入反馈，以改善性能。

例如：

①巡航导弹不断利用自己收到的位置信息纠正自己的航向。

②现代炼钢炉可以根据温度自动控制进料量。

（2）如果已经引入反馈，则改变其大小和作用。

例如，在距机场 5 千米的范围内，改变导航系统的灵敏度。

24. 中介物原理

如果两个物体不匹配或者存在有害作用，可以建立某种临时链接，也就是"中介物"，这种链接应当可以被去除。中介物原理有两个指导原则。

（1）利用中介物来转移或传递某种作用。

例如：

①弹琴时使用拨片，避免琴弦对指甲的损害。

②钻孔时，使用套管来导引钻杆。

③中介公司。

（2）把一个对象与另一个容易去除的对象暂时结合在一起。

例如：

①饭店服务员上菜时使用托盘。

②在化学反应中使用催化剂。

③苦味的药面装在容易被胃酸溶解的胶囊中。

【例】三个兄弟分家

从前有个老人，临终前把三个儿子叫到跟前，说自己有19只羊，自己死后大儿子分一半，二儿子分1/4，三儿子分1/5，要严格按照遗嘱分配，且不得把羊杀掉。说完，三个儿子犯了难，因为每个人分得的羊都不是整数。他们只好求助村里的智慧老人。智慧老人说："我自己恰好有一只羊，就送给你们了，这样你们就好分家了。"这样，大儿子分一半，10只；二儿子分1/4，得到5只；三儿子分1/5，得到4只，三个人共得19只羊。智慧老人说："还剩一只羊，我就牵回去了。"

智慧老人的羊，就是中介物。

25. 自服务原理

自服务原理是指在执行主要功能的同时执行相关的辅助性功能。我们应当巧妙利用大自然中的某种资源或功能，如重力、水力等，精简控制系统。该发明原理有两个指导原则。

（1）让物体能够自己执行辅助性的或者维护性的工作，实现自服务。

例如：

①收割机的自磨刀刃，可以在工作中自动打磨，时刻保持锋利。

②具有自清洁功能的玻璃。

③自动售货机。

（2）利用废弃的能量与物质。

例如：

①发电厂的换热塔就是利用废弃的热量。

②钢铁厂利用余热发电。

③厨余垃圾用于堆肥。

【例】运送钢珠的管道

有一段金属管道是用来运输钢珠的，但这段管道有一段弯曲的部分，钢珠在管道中高速运动的时候，由于离心力，会撞击、磨损管道外侧的管壁，经常把管壁磨出一个大洞来。管道损坏后，必须停止输送来维修，这就影响了生产效率。

可以利用钢珠自身来避免其对管壁造成破坏，即在拐弯部位的管道外放置一个磁铁，当钢珠到达磁场范围内，会被磁铁吸附到管道内壁上，从而形成保护层。钢珠的冲击将作用在由钢珠形成的保护层上，并不断补充那些被冲掉的钢珠。这样，输送管道就被完全保护起来了。

26. 复制原理

复制原理是通过使用便宜的、可获得的复制品来取代成本过高或者不能直接使用的物体。该发明原理有三个指导原则。

（1）用经过简化的廉价复制品代替不易获得的、复杂的、昂贵的、不方便的或易碎的物体。

例如：

①驾校用虚拟驾驶软件来进行教学，并让学员在模拟机器上进行练习。

②服装店里的塑料模特。

③Word 软件中的打印预览功能。

（2）用光学复制品（图像）来代替事物或实物系统，可以按照一定比例放大或缩小图像。

例如：

①卫星遥感技术。通过查看卫星在太空拍摄的照片，即可知道资源的分布情况。

②医学中的 B 超、核磁共振、X 射线成像等。

（3）如果已使用了可见光复制，用红外线或紫外线替代。

例如，在黑夜中，利用红外线来观察物体（红外线夜视仪）。

27. 廉价替代品原理

廉价替代品原理是用廉价的、一次性的等效物来代替昂贵的、使用寿命长的物体，目的是降低成本、增强便利性等等。该发明原理有一个指导原则，即用廉价的物体代替昂贵的物体，同时降低某些质量要求，实现相同的功能。

例如：

①酒店提供一次性拖鞋、一次性洗漱用品等。

②婴儿用的纸尿裤。

【例】钢管内壁的润滑油

将钢板加热来轧制钢管，轧制完成后，需要在冷却前给钢管内壁均匀地涂上一层润滑油。这个涂油工作看起来似乎比较简单，但是实现起来却比较复杂。需要设计制造一台专用的可移动机器进入钢管内，完成涂油工作。由于是在管内壁作业，是非平面涂油，因此涂油的速度比较慢，导致整个轧制生产的速度下降，影响生产效率。

为解决这个问题，可以制作一种上面涂有润滑油的纸带，直接贴到钢板上，纸会在高温下燃烧，剩下的就只有润滑油了。这个纸带作为一次性用品，起到均匀分配润滑油的作用。

28. 机械系统替代原理

机械系统替代原理为工作原理的改变，用场（如光场、电场、磁场）或其他的物理结构、物理作用和状态来代替机械机构与系统。该发明原理有四个指导原则。

（1）用光学、声学、电磁学或影响人类感觉（味觉、触觉、嗅觉）的系统来代替机械系统。

例如：

①用语音输入代替键盘。

②用电磁控制系统代替机械控制系统。

③用电子围栏来约束共享单车的停放，而不是物理围栏。

（2）应用与物体相互作用的电场、磁场、电磁场。

例如：

①用电场来分离粉末。

②磁悬浮列车的原理是用强磁场将列车轻微托起，使其"浮"在轨道上方。

（3）用运动场代替静止场，用可变场代替静态场，用结构化场代替非结构化场，用确定场代替随机场。

例如：

①交流电具备很多直流电没有的优点，如自带旋转磁场、可通过电容等。

②相控阵雷达通过相位扫描，可获得更多目标物的信息。

（4）把场与场作用的粒子结合起来使用。

例如：

①铁磁粒子。

②可随光线强度变化颜色的玻璃。

29. 气动或液压结构原理

气动或液压结构原理是利用气体或液体抑或其他可膨胀或可充气的系统来实现气动或液压类的功能，代替固体结构。在应用时，要注意观察系统中是否包含具有可压缩性、流动、湍流、弹性及能量吸收等属性的组件。该发明原理的指导原则为：将物体的固体部分用气体或流体代替，如充气结构、充液结构、气垫、液体静力结构和流体动力结构。

例如：

①气垫船。

②充气橡皮艇。

③汽车的安全气囊。

30. 柔性壳体或薄膜结构原理

柔性壳体或薄膜结构原理是利用柔性壳体或薄膜结构来代替其他的刚性结构，或者是利用柔性壳体或薄膜结构来隔离某个物体与其所处的外界环境。该发明原理有两个指导原则。

（1）使用柔性壳体或薄膜结构代替标准结构。

例如：

①"水立方"游泳馆采用了薄膜结构。

②很多体育馆采用了柔性壳体结构。

（2）使用柔性壳体或薄膜结构将物体与环境隔离。

例如：

①潜水服。

②农用塑料膜将幼苗根部与外部隔离，使幼苗根部保持湿润。

③人们在海滩上涂抹防晒霜。

31. 多孔材料原理

多孔材料原理是通过在材料或对象中打孔、开空腔或通道来增强其多孔性，从而改变某种气体、液体或固体的状态。该发明原理有两个指导原则。

（1）把物体变为多孔或加入多孔物体（如多孔嵌入物或覆盖物）。

例如：

①多孔砖，能够在极小降低强度的情况下，有效减轻墙体自重。

②活性炭过滤器中有很多小孔。

③第二次世界大战时，日本的零式战机重量轻的一个秘密是所有的铝合金结构都被钻了孔。

（2）若物体已是孔结构，在小孔中事先填入某种物质。

例如：

①用多孔的金属网吸走接缝处多余的焊料。

②药棉可以吸附液体。

32. 颜色改变原理

颜色改变原理是改变物体的光学特性，目的是提升系统价值。具体作用有便利化检测、改善测量效果、标示位置、指示状态改变、目视控制、掩盖问题等。该发明原理有四个指导原则。

（1）改变物体或环境的颜色。

例如：

①变色龙可以根据环境改变自身的颜色，实现伪装。

②示温材料在不同的温度下呈现不同的颜色。

③仪表盘上的仪表指针和按钮设计成不同的颜色，更醒目，不容易看错。

（2）改变物体或环境的透明度。

例如：

①战场上施放烟雾（降低透明度）。

②变色玻璃。

③高压锅用玻璃作可视窗口，可以观察食物的状态。

（3）在难以看清的物体中，使用有色添加剂。

例如：

①用显微镜观察洋葱表皮细胞时，利用染色剂让细胞结构更清晰。

②在中水中添加染色剂，避免中水被人饮用。

③可用着色探伤法来检测工件表面的缺陷。

（4）如果已经添加了染色剂，则借助发光迹线追踪物质。

例如：

①闹钟上的时刻点涂上荧光标识。

②纸币上有荧光防伪标识。

③高速公路上的荧光反光板。

33.同质性原理

如果两个或多个对象之间存在很强的相互作用，那么通过使这些对象的关键特征或特性一致，从而实现同质性。同质性原理指导原则只有一个：存在相互作用的物体，用相同材料或特性相近的材料制成。

例如：

①金刚石只能用金刚石来切割。

②混凝土构件上的预留洞口只能用相同标号的混凝土来回填。

③尽量应用与被焊接构件相同材质的焊条。

34.抛弃或再生原理

抛弃或再生原理包含两个动作，即抛弃和再生，也可以看作两者的结合。抛弃是指从系统中去除某些对象，再生是对系统中的已被消耗的对象进行恢复，以便再次利用。该发明原理有两个指导原则。

（1）采用溶解、蒸发等手段，抛弃已完成功能的零部件，或在系统运行过程中修改它们。

例如：

①用在高温下容易挥发的材料制作芯模，则在铸造时模具消失，可铸造复杂的铸件。

②手术时，用可被吸收的材料制作的线来缝合伤口。

③火箭助推器在火箭升空后被"抛弃"。

（2）在工作过程中，迅速补充系统或物体中消耗的部分。

例如：

①自动铅笔。

②自动步枪可以实现枪弹的自动装填。

【例】如何分离石油

一家石油化工厂需要经常使用同一条管道长距离轮换输送不同种类的成品油。为避免不同液体混合到一起，需要在转换输送液体时在两种液体间加一个分隔器，将液体分开。常用的分隔器是一个活塞状的橡胶球。这种分隔器不能保证效果，因为管道液体处于高压状态，液体会渗入分隔器而发生混合。而且，因为管道每200千米就有一个泵站，分隔器不能通过泵站，需要取出来，再放到下一段管道。

我们需要一种分隔器，既能通过泵站，又能避免不同液体混合。

可以用抛弃原理来解决这个问题：用氨水作分隔器，可以与油一样通过泵站。到达目的地后，氨水会变成气体挥发掉，对成品油没有影响。这样，氨水完成自己的分割"使命"后便被"抛弃"了。

35. 参数变化原理

在解决技术问题时，可以考虑通过改变系统或对象的属性，包括物理状态、化学状态，如密度、导电性、机械柔性、温度、几何参数等，实现系统的新功能。参数变化原理有四个指导原则。

（1）改变物体的物理聚集状态（如在气态、液态、固态之间转化）。

例如：

①空调制冷是利用物质在气态与液态间转化时的吸热和放热效应。

②为便于运输，将天然气压缩成液态。

③用冰块来为荔枝保鲜。

（2）改变对象的密度、浓度、黏度。

例如：

①脱水的橘子粉更容易运输。

②液体肥皂是浓缩的，而且从使用的角度来看，比固体肥皂更有黏性，更容易控制用量，当多人使用时也更加卫生。

（3）改变对象的柔性。

①橡胶经过硫化，可改变其柔性和耐久性。

②汽车的减震系统用柔性材料制作而成。

（4）改变对象的温度。

例如，把铁加热到居里点之上，消除其磁性。

36. 相变原理

相变原理利用对象在固态、液态、气态转化过程中所出现的现象，来实现某种效应或使某个系统发生改变。相变原理有一个指导原则：利用物体在相态改变过程中的某种现象或效应，如相变导致的体积改变、吸热或放热效应等。

例如：

①与其他大多数液体不同，水在冰冻后会膨胀，可以作为某种缓性炸药来实现爆破的功能。

②热力泵就是利用在一个封闭的热力学循环中蒸发和冷凝的热量来做有用功的。

37. 热膨胀原理

热膨胀原理是利用物体受热膨胀的效应来产生动力，从而将热能转换为机械能。该发明原理有两个指导原则。

（1）利用材料的热膨胀或热收缩。

例如，安装轴承时，先将轴承放在滚烫的热油中，待其膨胀后可轻松地安装在轴上。

（2）将几种热膨胀系数不同的对象组合起来使用。

一个典型的例子就是双金属片开关。

38. 强氧化作用原理

强氧化作用原理是通过提供更强更纯的氧元素，增加氧化反应的强度。该发明原理有四个指导原则。

（1）用富氧空气代替普通空气。

例如，医院的高压氧舱。

（2）用纯氧代替空气。

例如，用乙炔切割时，为提高火焰温度，用工业氧气代替空气。

（3）将空气或氧气进行电离辐射。

例如，利用电离的空气来降低空气阻抗。

（4）使用臭氧代替氧气。

例如，将臭氧溶于水中，去除船体上的有机污染物。

39. 惰性环境原理

惰性环境原理是通过去除所有氧化性的资源和容易与目标起反应的资源，从而建立一个惰性或中性环境。该发明原理有两个指导原则。

（1）用惰性环境代替正常环境。

例如：

①氩弧焊用惰性气体来阻隔空气。

②将氮气充入灯泡中，阻止灯丝在高温下被氧化。

③用氮气代替空气充入汽车轮胎有两个好处：一是氮气的膨胀系数小，二是可防止轮胎内部氧化。

（2）使用真空环境。

例如：

①真空电子管。

②真空包装可以让食物保鲜。

40. 复合材料原理

复合材料是指将两种或多种不同的材料整合在一起的整体材料。复合材料原理有一个指导原则，即用复合材料代替匀质材料。

例如：

①坦克的复合装甲。

②复合的环氧树脂/碳纤维高尔夫球杆更轻，强度更高，而且更具有柔韧性。

②汽车采用钢与碳纤维的复合材料制成。

5.2.3 发明原理小结

40个发明原理是由阿奇舒勒总结的，要灵活应用这些发明原理，就需要对这些原理进行深入的理解,可以从以下几个方面考虑。

1. 各原理不是并列或者对立的关系,而是相互融合的

发明原理间不是完全割裂的,也没有明确的界限,更不是对立的关系。在实际应用中我们可以发现,很多发明原理存在联系,如分割与组合/合并原理,通常会结合起来应用。很多技术解决方案可以同时用多个发明原理来解释,也就是说,不同的发明原理往往可以得到相同的解决模型,这说明发明原理间是相互融合的。

2. 发明原理与系统进化法则、技术冲突、物理冲突都是密切相关的

无论是发明原理还是系统进化法则,都基于大量的统计和观察,它们的来源有共同性,两者自然是相互契合和相互印证的。例如,当分析超系统进化法则时就可以发现,组合/合并原理、多用性原理、未达到或过度作用原理、维数变化原理、机械系统替代原理、同质性原理等都可以体现这个法则。

发明原理属于解决问题工具,它是技术冲突、物理冲突等问题分析工具的延伸。

3. 发明原理的各指导原则的层次有高低之分

发明原理的各指导原则,前面的概括些,后面的更具体些,各指导原则间是逐渐细化、递进的关系。

4. 发明原理的分类

为了便于记忆,很多研究者对发明原理进行了归类。在此以发明原理用途进行分类,如表5.4所示。

表5.4 发明原理分类

用途	发明原理
提高系统协调性	1. 分割;3. 局部特性;4. 不对称性;5. 组合/合并;6. 多用性;7. 嵌套;8. 重力补偿;30. 柔性壳体或薄膜结构;31 多孔材料
消除有害作用	2. 抽取/分离;9. 预先反作用;11. 预补偿;21. 减少有害作用时间/急速作用;22. 变有害为有益;32. 颜色改变;33. 同质性;34. 抛弃或再生;38. 强氧化作用;39. 惰性环境
提高系统效率	10. 预先作用;14. 曲面化;15. 动态化;17. 维数变化;18. 机械振动;19. 周期性作用;20. 有效作用的连续性;28. 机械系统替代;29. 气动或液压结构;35. 参数变化;36. 相变;37. 热膨胀;40. 复合材料
改善操作和控制	12. 等势;13. 反向作用;16. 未达到或过度作用;23. 反馈;24. 中介物;25. 自服务;26. 复制;27. 廉价替代品

5. 发明原理的应用频率

发明原理不是按使用频率排序的，各发明原理的使用频率也不尽相同。表5.5列出了使用频率较高的发明原理。

表 5.5　发明原理使用频率

排名	原理及其序号	排名	原理及其序号
1	参数变化（35）	6	动态化（15）
2	预先作用（10）	7	周期性作用（19）
3	分割（1）	8	机械振动（18）
4	机械系统替代（28）	9	颜色改变（32）
5	抽取/分离（2）	10	反向作用（13）

5.3　阿奇舒勒矛盾矩阵

40条发明原理是阿奇舒勒在对世界各国的专利进行分析研究的基础上总结而来的。不同领域的发明中，所用到的规则并不多，不同时代的发明，不同领域的发明，这些规则反复被采用，每条规则并不限定于只能用于某一领域。这些融合了物理的、化学的和各工程领域知识的原理，可适用于不同领域的发明创造。可以用有限的40条原理来解决无限的发明问题。实践证明，这些发明原理对于指导设计人员的发明创造具有重要的作用。

阿奇舒勒将39个通用工程参数和40个发明原理有机地联系起来，建立起对应关系，整理成39×39的矛盾矩阵表。其中，第1行或第1列为按顺序排列的39个描述矛盾的工程参数序号。除第1行和第1列外，其余39行与39列形成一个矩阵，矩阵元素中或空，或有几个数字，这些数字表示推荐采用的发明原理序号。矩阵表中，列代表的工程参数是系统改善（所谓改善，是指与我们的期望一致）的特性；行代表的工程参数是系统恶化（所谓恶化，是指与我们的期望相反）的特性。表5.6所示为矛盾矩阵表。

表 5.6 阿奇舒勒矛盾矩阵表（局部示例）

改善参数	恶化参数							
	1 运动物体的重量	2 静止物体的重量	3 运动物体的长度	4 静止物体的长度	5 运动物体的面积	6 静止物体的面积	7 运动物体的体积	8 静止物体的体积
1 运动物体的重量		—	15，8，29，34	—	29，17，38，34	—	29，2，40，28	—
2 静止物体的重量	—		—	10，1，29，35	—	35，30，13，2	—	5，35，14，2
3 运动物体的长度	8，15，29，34	—		—	15，17，4	—	7，17，4，35	—
4 静止物体的长度	—	35，28，40，29	—		—	17，7，10，40	—	35，8，2，14
5 运动物体的面积	2，17，29，4	—	14，15，18，4	—		—	7，14，17，4	—
6 静止物体的面积	—	30，2，14，18	—	26，7，9，39	—		—	—
7 运动物体的体积	2，26，29，40	—	1，7，4，35	—	1，7，4，17	—		—
8 静止物体的体积	—	35，10，19，14	—	19，14	35，8，2，14	—	—	

5.4 技术冲突的解决方法

5.4.1 技术冲突的描述

技术系统常表现出一个系统中两个子系统之间的冲突，往往是一个参数改善的同时，另一个参数就会恶化，如图 5.2 所示。在真空吸尘器噪声问题案例中，减少噪声时会降低吸力，而增大吸力又会增大噪声。正是因为冲突的存在，才导致技术问题复杂和解决问题困难。如果能把这些冲突消除，那么就可以实现"鱼和熊掌兼得"，问题就得以完美解决。

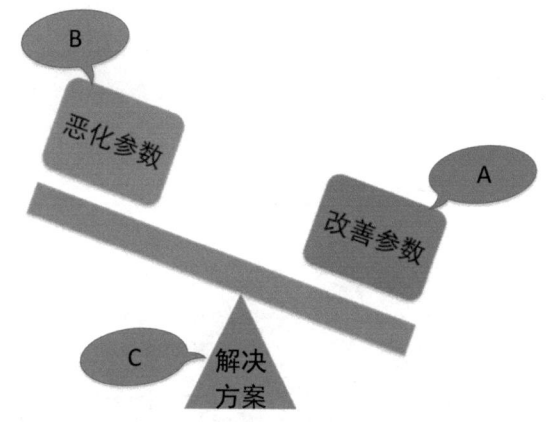

图 5.2　技术冲突

对于一个技术冲突问题，通常采用"如果采用某种措施，那么可以实现改进目标，但是会导致不期望的结果"这一形式描述，也可用表 5.7 的表格形式来描述。

表 5.7　技术冲突的描述

关键词	技术冲突 1	技术冲突 2
如果	常规的解决方案（C）	常规的解决方案（C）
那么	改善参数（A）	改善参数（B）
但是	恶化参数（B）	恶化参数（A）

通常情况下，我们用"如果……那么……但是……"来描述技术冲突后（技术冲突 1），还可以用相反的形式描述另一组技术冲突（技术冲突 2）。如果两个技术冲突都成立，说明我们描述的技术冲突是正确的。

对初学者来说，确定技术冲突往往会存在困难。我们可以通过以下五个步骤确定技术冲突。

（1）这一技术系统存在的目标是什么？

（2）这一技术系统涉及的组件主要有哪些参数？

（3）系统存在的问题是什么？为解决问题想到的最直接的解决方案是什么？或已有的解决方案是什么？

（4）列出解决方案改善的参数，思考使用该方案会使哪些参数恶化？

（5）将改善与恶化的参数组合，即为技术冲突。技术冲突可能存在多组。

例如，图 5.3 为运输卡车，以之为研究对象，解决卡车运输效率低的问题。

图 5.3　运输卡车

（1）卡车技术系统存在的目标是运输货物。

（2）主要参数包括车厢体积、发动机功率、重量、速度、耗油量、道路通过性等。

（3）系统中存在的问题是运输效率低。提升运输效率可以通过增大车厢体积或提升发动机功率来实现。

（4）增大车厢体积改善了体积，但是车厢体积增大恶化了重量、道路通过性；提升发动机功率改善了功率与速度，但是恶化了耗油量。

（5）组合各组技术冲突，如表 5.8 所示。

表 5.8　运输卡车的技术冲突

技术冲突序号	改善参数	恶化参数
1	车厢体积	重量
2	车厢体积	道路通过性
3	发动机功率	耗油量
4	速度	耗油量

5.4.2　技术冲突问题分析与解题流程

在遇到技术冲突问题时，直接套用 40 条发明原理有可能得到解决方案，但随机性较大，且与设计者专业知识或见识密切相关，可能重新进入传统顿悟式或试错式创新过程中。阿奇舒勒在总结出 39 个通用工程参数和 40 个发明原理后，根据冲突问题出现的场合与解决方案，归纳出矛盾矩阵。当再遇到类似的问题时，可优先利用矩阵里推荐的发明原理解决，从而提高创新的成效。也就是说，当遇到技术冲突问题时，以图 5.4 中的流程，将遇到的技术问题通过通用工程参数的转换，变为一般性技术冲突问题，针对改善与恶化的参数，查询阿奇舒勒矛盾矩阵，找到对应的发明原理，最终根据发明原理的提示，将之转化为解决方案。

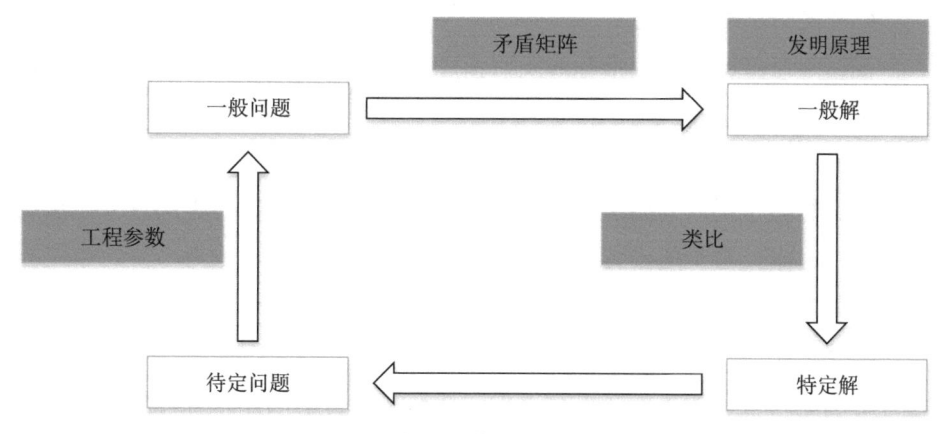

图 5.4 技术冲突问题解决思路

在经典 TRIZ 中，对于技术冲突问题，可使用图 5.5 所示的流程进行问题分析与解决。

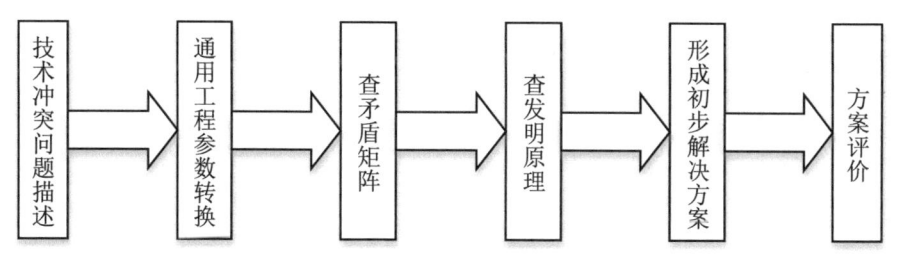

图 5.5 技术冲突问题解决流程

1. 技术冲突问题描述

利用第 3 章因果分析与第 4 章资源分析中的问题分析工具，找到当前技术系统中存在的问题。根据解决问题的途径及其带来的改善与恶化的参数，采用技术冲突的描述方式来描述问题。

2. 通用工程参数转换

根据采取途径改善与恶化的参数，按其在技术系统中所发挥的作用，转换为对应的 39 个通用工程参数中的通用参数。

3. 查阿奇舒勒矛盾矩阵

按照改善的参数（对应行）及恶化的参数（对应列），找到矩阵中的对应位置，得到推荐的发明原理序号。

4. 查发明原理

根据阿奇舒勒矩阵中推荐的发明原理，查询对应发明原理的解析，结合问题进行思考。

5. 形成初步解决方案

根据推荐发明原理的应用场景，结合遇到的实际问题，类比思考，形成初步解决方案。对于所推荐的发明原理，可一一进行类比思考，得到相应的候选方案。

6. 方案评价

对形成的所有初步方案进行评价，选取可行性高的方案进行完善，以解决出现的问题。

5.4.3 技术冲突问题案例分析

坦克是现代战争中常用的战斗工具，要求有较好的机动性，并具备有较强的抗打击能力的装甲。试使用发明原理改进坦克的装甲。

1. 技术冲突问题描述

使用技术冲突问题描述方式描述坦克装甲改进问题如下（见表 5.9）。

（1）如果采用厚重的装甲，那么可以提升坦克的抗打击能力，但是会降低坦克的机动性。

（2）如果采用轻薄的装甲，那么可以提升坦克的机动性，但是会降低坦克的抗打击能力。

表 5.9 坦克装甲技术冲突描述

关键词	技术冲突 1	技术冲突 2
如果	厚重装甲	轻薄装甲
那么	抗打击能力	机动性
但是	机动性	抗打击能力

2. 通用工程参数转换

以第一种描述技术冲突方式为例,加厚装甲改善了坦克的抗打击能力,即增强了坦克装甲的强度,对应通用工程参数为强度(14);恶化了坦克的机动性,即坦克质量过大,对应通用工程参数为运动物体的重量(1)。坦克装甲的技术冲突如表 5.10 所示。

表 5.10 坦克装甲的技术冲突

技术冲突序号	改善参数	恶化参数
1	强度	运动物体的重量

3. 查阿奇舒勒矛盾矩阵

改善参数"强度"即对应行 14,恶化参数为"运动物体的重量",对应列 1。找到阿奇舒勒冲突矩阵对应位置,如表 5.11 所示。

表 5.11 阿奇舒勒矛盾矩阵(局部)

改善参数	恶化参数			
	1 运动物体的质量	2 静止物体的重量	3 运动物体的长度	4 静止物体的长度
1 运动物体的重量		—	15,8,29,34	
2 静止物体的重量	—		—	10,1,29,35
3 运动物体的长度	8,15,29,34	—		—
4 静止物体的长度		35,28,40,29	—	
5 运动物体的面积	2,17,29,4	—	14,15,18,4	
6 静止物体的面积	—	30,2,14,18	—	26,7,9,39
7 运动物体的体积	2,26,29,40	—	1,7,4,35	
8 静止物体的体积	—	35,10,19,14	19,14	35,8,2,14
9 速度	2,28,13,38	—	13,14,8	
10 力	8,1,37,18	18,13,1,28	17,19,9,36	28,10
11 应力、压强	10,38,37,40	13,29,10,18	35,10,36	35,1,14,16
12 形状	8,10,29,40	15,10,26,3	29,34,5,4	13,14,10,7

(续表)

改善参数	恶化参数			
	1 运动物体的重量	2 静止物体的重量	3 运动物体的长度	4 静止物体的长度
13 稳定性	21,35,2,39	26,39,1,40	13,15,1,28	37
14 强度	1,8,40,15	10,26,27,1	1,15,8,35	15,14,28,26
15 运动物体作用时间	19,5,34,31	—	2,19,9	—
16 静止物体作用时间	—	6,27,19,16	—	1,40,35

4. 查发明原理

推荐的发明原理有4条，分别对应1分割、8重力补偿、40复合材料、15动态化。

5. 形成初步解决方案

针对发明原理1——分割原理，由于坦克往往用于正面攻坚，正面装甲应尽量厚些，而对其他部位要求可适当降低，以减少总重量。

针对发明原理8——重力补偿原理，可在坦克壳体内充氦气，减少重量。

针对发明原理40——复合材料原理，可使用高强度、低密度材料代替制造装甲的合金钢。

针对发明原理15——动态化原理，可将部分装甲做成可动部分，自动调节防御子弹。

6. 方案评价

在当代，坦克装甲都采用复合材料制成，典型的复合装甲有乔巴姆装甲、贫铀装甲、间隙装甲等；此外，在坦克的不同位置，装甲厚度也有所不同；而且，坦克的主动防护系统已在研发，且有的已经投入使用。

5.5 物理冲突的解决方法

5.5.1 物理冲突

5.5.1.1 概述

在一个技术系统中，对于某一个参数或属性具有相反的两个需求，此时出现的冲突就是物理冲突。例如桌子，我们希望它的桌面薄一些，轻巧易于移动；但同时又希望它厚一些，牢固耐用。或者我们通常希望手机屏幕大一些，这样可以获得清晰舒适的使用体验；又希望手机屏幕小一点，这样可以方便存放与携带。

物理冲突常表现为一个系统中的一个子系统或组件的参数或属性冲突。如图5.6所示，对于拔河绳子的中点这一元素（参数）来说，对其有两个不同的要求：正队希望它在正队一侧，负队希望它在负队一侧，这一冲突就直观地体现了这种既此又彼的关系。相对于技术冲突，物理冲突是一种更尖锐的冲突。依照TRIZ，物理冲突要彻底消除。消除物理冲突的基本原理是：在同一时间、同一空间、同一关系、同一系统内，不可能具有相反的特性。

图5.6 物理冲突

5.5.1.2 物理冲突与技术冲突的关系

一般来说，每个技术冲突背后都有相应的物理冲突。技术冲突的发生是为了实现改进目标，在采取了某一措施后，导致产生了不期望的结果，改进目标和不期望的结果就组成了一对技术冲突。但是当我们采取了相反的措施后，上一组技术冲突改进的目标与不期望的结果发生了变化。如图5.7所示。

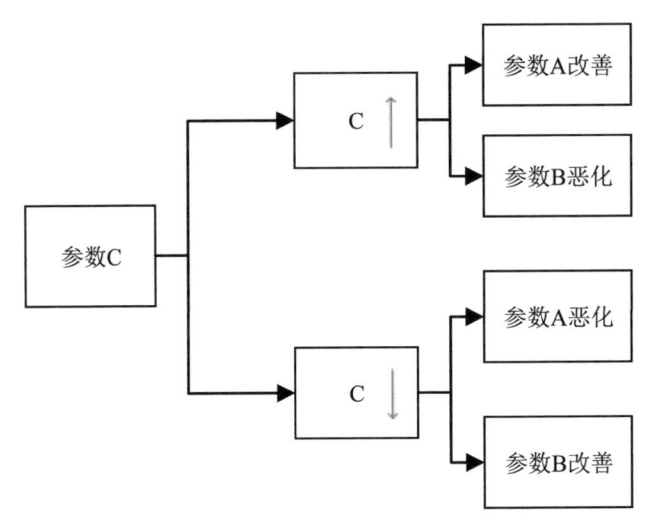

图 5.7　技术冲突与物理冲突的关系

当采取措施时，其实是改变了系统中的某一个参数 C。当对 C 进行不同的变换时，参数 A 和参数 B 作为技术冲突的两端，一个改善，另一个恶化。在技术冲突中，重点描述的是参数 A 和 B 构成的"鱼和熊掌不可兼得"的问题，而当我们把关注点放到采取措施修改参数 C 时，会发现改善参数 A 和参数 B 对于参数 C 有相反的要求，此时，对一个参数有相反的要求就是这个参数的物理冲突问题。

一般情况下，物理冲突是更为深层次的冲突，是系统的本质冲突或内在冲突。

5.5.1.3　物理冲突的描述

对于一个物理冲突问题，通常采用"为了某一个条件，需要该参数为正；为了另一个条件，需要该参数为负；该参数既要正又要负"的形式描述。例如，对于电风扇工作声音大的物理冲突描述如下。

为了得到更大的风，需要电风扇功率大；为了更小的噪声，需要电风扇功率小；即电风扇功率既要大又要小。

针对 5.4 节中运输卡车一例，对于其中一组技术冲突，使用物理冲突进行描述如下。

为了盛放更多的货物，需要车厢体积要大；为了有更好的道路通过性，需要车厢的体积要小；即车厢体积既要大又要小。

物理冲突根据技术系统可能出现的具体问题，选择具体的方式来进行描述。总结归纳物理学中的常用参数，主要有四大类：几何类、材料及能量类、功能类和方向类。每一大类中的具体参数和冲突如表5.12所示。实际工作中遇到的物理冲突可能远不止表5.12所列范围，但只要是同一参数存在相反的两种需求，即为物理冲突。在确定物理冲突的参数时，无须对39个通用工程参数进行转换，只要能找到某个参数存在的冲突即可。

表 5.12　物理冲突常用的参数和冲突

类别	物理冲突			
几何类	长与短	对称与非对称	平行与交叉	薄与厚
	圆与非圆	锋利与钝	窄与宽	水平与垂直
材料及能量类	多与少	密度大与小	导热率高与低	温度高与低
	时间长与短	黏度高与低	功率大与小	摩擦系数大与小
功能类	运动与静止	强与弱	软与硬	成本高与低
	喷射与堵塞	推与拉	冷与热	快与慢
	开与关	有与无	松开与禁锢	通与堵
方向类	左与右	前与后	前进与后退	旋转顺转与逆转
	上与下	上升与下降		

5.5.2　分离原理

5.5.2.1　物理冲突的解决办法

对于物理冲突问题，不同的学者提出的方法也有所差异。阿奇舒勒在20世纪70年代提出了11种解决方法，后经整理与总结，形成当前应用最为广泛的四大分离原理。

在同一空间、同一时间、同一条件下，同一元件是不可能具有相反的特性的，因此，要消除物理冲突，就需要在不同空间、不同时间、不同条件或不同元件（层次）下实现冲突需求的分离。

1. 空间分离原理

所谓空间分离原理，是指将冲突双方在不同的空间分离，以降低解决问题的难度。当关键子系统冲突双方在某一空间只出现一方时，空间分离是可能的。空间分离原理可以描述为：系统或元件的某一部分有特性P，另一部

分具有特性 -P，在空间上分离这两部分。

应用该原理时，首先应回答如下问题：是否冲突在整个系统空间中都存在？如果在空间中的某一处只需满足冲突一方的需求，那么应用空间分离原理是可能的。

【例】自行车的变化

如图 5.8 所示，自行车的物理冲突为：在骑行频率一定的前提下，为了提高骑车速度，需要增大车轮直径；而为了骑行安全与方便，需要减小车轮直径；车轮直径既要大又要小，形成了物理冲突。可以看出，车辆行驶区域需要车轮大，而车辆骑乘区域需要车轮小，二者并不是在整个空间冲突。可以将骑乘位置与行驶位置分离，再结合链传动增速，使小轮也能有高速。

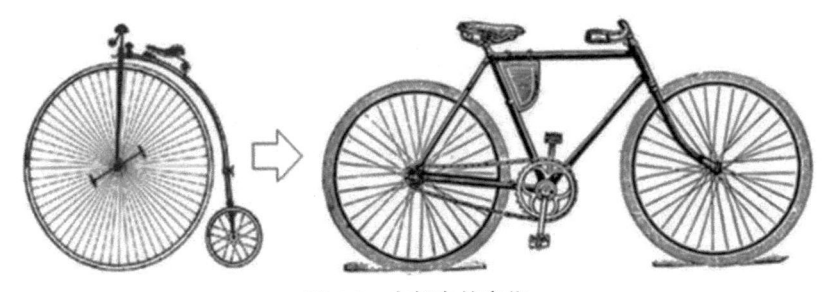

图 5.8　自行车的变化

2. 时间分离原理

所谓时间分离原理，是指将冲突双方在不同的时间段分离，以降低解决问题的难度。当关键子系统冲突双方在某一时间段只出现一方时，时间分离是可能的。时间分离原理可以描述为：在某一时间，元件具有特性 P，在另一时间，该元件具有特性 -P，按时间先后顺序分离为 P 和 -P。

应用该原理时，首先应回答如下问题：是否冲突在整个时间段内都存在？如果在某一时间段内只需满足冲突一方的需求，那么应用时间分离原理是可能的。

【例】折叠自行车

代驾需要将客户送到家后自行骑车回家，这存在物理冲突：为了能更舒服、更快地骑行，需要自行车稍大些；为了能将自行车放入汽车中，需要自行车小一些；自行车既要大又要小，形成了物理冲突。可以看出，对车辆大小的需求发生在不同的时间段，故可以通过折叠的形式在时间上将冲突进行分离，如图 5.9 所示。

图 5.9　折叠自行车

3. 基于条件的分离原理

所谓基于条件的分离原理，是指将冲突双方在不同的条件下分离，以降低解决问题的难度。当关键子系统冲突双方在某一条件下只出现一方时，基于条件的分离是可能的。基于条件的分离原理可以描述为：在某一条件下，元件具有特性 P，在另一条件下，该元件具有特性 –P，按不同条件来分离 P 与 –P。

应用该原理时，首先应回答如下问题：是否冲突在所有条件下都存在？如果在某些条件下只需满足冲突一方的需求，那么应用基于条件的分离原理是可能的。

【例】记忆合金恒温阀

记忆合金在不同的温度下外形会发生变化。恒温阀应用双向记忆合金，可以通过温度变化改变零件的不同形状，阀可随温度的变化实现启闭（见图 5.10）。

图 5.10　记忆合金恒温阀

4. 整体与部分分离原理

所谓整体与部分分离原理，是指将冲突双方在不同的层级分离，以降低解决问题的难度。当冲突双方在关键子系统层级只出现一方时，而该方在其他子系统、系统或超系统层级内不出现时，总体与部分分离是可能的。整体与部分分离原理可以描述为：系统整体具有特性 P，而其部分具有特性 -P，分离整体与部分。

应用该原理时，首先应回答如下问题：是否冲突在系统各层级中都存在？如果不同层级，对冲突属性的要求不同，那么就可以将整体与部分进行分离，也称作基于系统层级的分离。

【例】链条

链条是由刚性材料制作而成的挠性体。每一个链节都是由刚体制作而成的，但整体上又是由很多独立的链节通过转动副组合而成的挠性体，如图 5.11 所示。系统整体为柔性，而子系统为刚性。

图 5.11 链条

需要注意的是，对于同一个物理冲突，可以从不同角度进行分析并分离。

5.5.2.2 分离原理与发明原理间的联系

使用分离原理时，并不拘泥于再适用对应的发明原理，但将冲突分离后想不到合适的解决方案时，可以参考发明原理的思路构思。

解决物理冲突的分离原理与解决技术冲突的发明原理之间存在关系，对于每一条分离原理，可以有多条发明原理与之对应，对应关系如表 5.13 所示。

表 5.13 分离原理与发明原理的对应关系

分离原理	发明原理（序号）
空间分离原理	1，2，3，4，7，13，17，24，26，30
时间分离原理	9，10，11，15，16，18，19，34，37
基于条件的分离原理	1，5，6，7，8，13，14，22，23，25，27，33，35
整体与部分分离原理	12，28，31，32，35，36，38，39，40

5.5.3 案例分析

【例】喷砂后的处理问题

1. 问题背景

喷砂处理是利用高速砂流的冲击作用清理和粗化基体表面的过程。喷砂采用压缩空气为动力，以形成高速喷射束，将喷料（铜矿砂、石英砂、金刚砂、铁砂、海南砂）高速喷射到需要处理的工件表面。由于磨料对工件表面具有冲击和切削作用，可使工件表面具有一定的清洁度和不同的表面粗糙度。

喷砂后，需要把砂子从工件表面和内部清除出去。对于内腔或外部复杂的零件，尤其是有孔的零件，清理砂子有时非常困难。

2. 物理冲突描述

为对工件表面产生冲击，需要有砂子；为了不影响后面的工艺，需要没有砂子；砂子既要有又要无。冲突发生在不同时间内，可应用时间分离原理。

进一步分析可知，需要的并不是砂子本身，而是能够与表面发生碰撞作用的固体颗粒，因此，该问题可以归结为：固体颗粒既要有又要无。那么，在不同的条件下，颗粒实现有或无，即基于条件的分离。考虑在一定条件下实现分离。

3. 应用分离原理求解

应用时间分离原理，喷砂时有砂子，清理时没有砂子，即问题转化为如何清理复杂结构内部砂子的问题，需要进一步进行问题分析，在此不再展开。

应用基于条件的分离原理，固体颗粒在喷砂时有，在不喷砂时无。按照基于条件的分离原理，需要一种物质，在工作条件下为固体颗粒，在工作完成后，条件改变自动消失。可考虑使用易升华且对工件表面不产生有害作用的物质，如干冰。

第6章 物质-场模型与76个标准解

6.1 物质-场分析

在物质-场分析中,两个最重要的概念是物质和场。正确认识物质和场是建立物质-场模型的前提。

6.1.1 物质

在物质-场分析中,物质概念远比物理学定义更宽泛,这里的"物质"可以是任何实体或者实物,无论是高大的楼房和巨大的机器,还是简单的物品或零件,甚至是基本粒子。在物质-场分析中,使用物质来定义作用主体和作用对象,涉及从宏观到微观不同的客观层面。如果分析的是宏观层面的问题,物质一般是宏观的,但是如果问题的原因涉及微观层面,也可以在微观层面建立物质-场模型。如果问题就是在微观层面上发生的,如化学反应,那么为了在深层次解决问题,应该以微观粒子为物质建立物质-场模型。甚至在某些问题中,"虚无"也可以直接作为物质出现,如房屋出现裂缝,导致水能通过。

物质用 S(substance 的首字母)表示,一个系统中如存在多种物质,可以用下角标区分,如 S_1、S_2、S_3 等。

6.1.2 场

在物质-场分析中,"场"同样也和物理学中的描述略有不同,物理学中的"场"描述了物质之间的相互作用。在物理学中,场被归为四种基本力：引力、电磁力、强作用力和弱作用力，而这四种力实质上是由粒子的相互作用产生的，所以场是源于物理物质的。物质-场分析中的"场"是从观察者的角度出发去描述周围事物之间的关系的，这个"场"是和观察者的认知息息相关的。当我们把手放在火炉旁边时，实质上我们接受了一定频率的热辐射，这就是场的作用。只要物质之间存在相互作用，都可以称其为一种"场"。我们所用的物质-场分析中"场"有两个目的：帮助构建完整的模型，更重要的是激发灵感。

场用 F（field 的首字母）表示，一个系统中如存在多种场，可以用下角标区分，如 F_1、F_2、F_3 等。

经典 TRIZ 中，常用的场有六类：机械场、声场、热场、化学场、电场、磁场。随着科学的发展，陆续有人提出增加生物场和作用于微观的分子力场。现在已形成了 8 个可用的基本场：机械场、声场、热场、化学场、电场、磁场、生物场、分子力场，如表 6.1 所示。

表 6.1　8 个可用的基本场

领域	包括的作用	领域	包括的作用
机械场	重力，碰撞，摩擦，直接接触	电场	静电荷，导体，绝缘
	共鸣，共振，振动，波动		电场，电流
	流体力学，气流，压络，真空，渗透压		超导性，电解，压电
	机械处理和加工		电离，放电，电火花
	变形，混合，添加，扩张	磁场	磁场，磁力和粒子，电磁感应
声场	声音，超声波，次声波，气穴现象		电磁波（X 射线，微波等）
热场	高温，低温，隔热，热膨胀	生物场	光学，视觉，透明度改变，影像
	物态转换，吸热反应		微生物，细菌，生命组织
	火，燃烧，热辐射，对流		植物，真菌，细胞，酶
化学场	化学反应，反应物，元素，聚合物		生命圈
	催化剂，抑制剂，pH 指示剂	分子力场	亚原子粒子，微管，微孔
	溶解，结晶，聚合		核反应，辐射，核聚变，核排放，激光
	气味，味道，改变颜色，pH 等		分子间作用，表面效应，蒸发

6.1.3　物质-场模型的类型

物质-场分析就是要针对问题建立物质-场模型。实际上，通过分析在功能模型上确定冲突区域之后,在冲突区域就可以直接用物质-场模型进行表达了。

描述一个功能需要用两个物质、一种场,共三个元件。物质-场作用效果并不是相同的,针对具体问题,需要按照作用类型建立相应的物质-场模型。建立物质-场模型时,需运用不同的符号表达具有不同效果的作用。如图6.1所示为物质-场模型中作用的类型与符号。其中,标准作用、不足作用、过度作用和有害作用在前文已经叙述过了。不理想作用是指 S_2 对 S_1 的作用有多个,既有标准作用,又有不足、有害或过度作用,实际使用时,也可用多个作用来分别详细描述。未评估作用是在物质-场模型建立过程中,没有明确作用效果时应用的符号,最终模型中不应存在未评估作用。

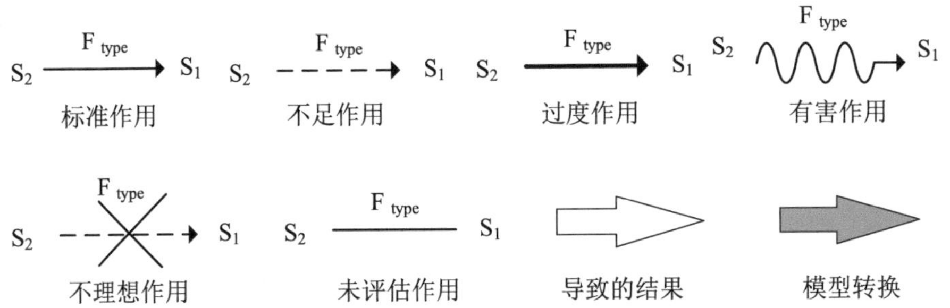

$S_2 \xrightarrow{F_{type}} S_1$　标准作用

$S_2 \dashrightarrow{F_{type}} S_1$　不足作用

$S_2 \xrightarrow{F_{type}} S_1$　过度作用

$S_2 \xrightarrow{F_{type}\sim} S_1$　有害作用

$S_2 \xrightarrow{F_{type}\times} S_1$　不理想作用

$S_2 \xrightarrow{F_{type}} S_1$　未评估作用

⇒ 导致的结果

➡ 模型转换

图6.1 物质-场模型中作用的类型与符号

对于各种系统模型表达的功能,有一个基本的评价标准:满意或者不满意。满意代表我们所追求的目标已经实现,不满意说明存在问题且没有实现预期的目的。在 TRIZ 中,按照物质-场作用的类型,提出了如下四类功能。

(1)有效完整功能。该功能的三个元件都存在,且都有效,是设计者追求的作用。其模型如图6.2(a)所示。

(2)不完整功能。组成功能的三个元件中部分元件不存在,需要增加元件来实现有效完整功能,或用一种新功能代替。其模型如图6.2(b)所示。

(3)非有效完整功能。功能中的三个元件都存在,但设计者所追求的作用未能完全实现。如产生的力不够大、温度不够高等,需要改进以达到要求。模型如图6.2(c)所示。

(4)有害功能。功能中的三个元件都存在,但产生了对系统或环境有害的结果。创新过程中要消除有害功能。有害功能的模型如图6.2（d）所示。

$S_2 \xrightarrow{F_{type}} S_1$　　S_1　　$S_2 \dashrightarrow{F_{type}} S_1$　　$S_2 \xrightarrow{F_{type}} S_1$

（a）有效完整功能　（b）不完整功能　（c）非有效完整功能　　（d）有害功能

图6.2　由物质-场模型表达的功能类型

对于物质-场模型中出现的过度作用，在TRIZ中并没有专门的工具可用于求解，需要对过度作用的结果作进一步的分析。如果产生了有害作用，则按照既有用又有害处理；如果没有产生有害作用，则尝试修改场参数，按照其结果进行冲突分析或裁剪分析。

6.2　物质-场模型

6.2.1　物质-场模型变换规则

物质-场模型建立之后，根据物质-场模型的类型，通过物质-场变换解决不理想的物质场模型所表达的工程问题。物质-场变换规则代表了解决物质-场模型所表达的问题的一般途径。另外，系统中存在的场资源也可以用于解决物质-场模型所表达的问题。

1. 变换规则1：用新的工具元件代替

如果问题的物质-场模型已经存在，但是两种物质之间的作用是存在问题的，则去除或破坏原有的工具元件并且用新的元件代替。如图6.3所示，为了改善两个物质 S_1 和 S_2 之间的不足作用，消除有害作用和不理想作用，使用新的物质 S_3 来代替 S_2，并且形成新的场 F_2 对原有的 S_1 施加作用。

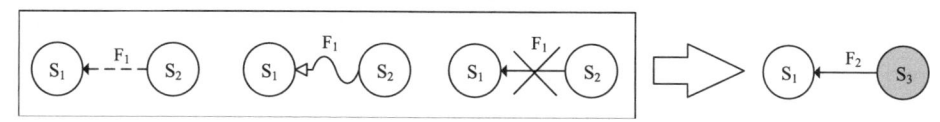

图6.3　用新的工具元件代替

物质-场模型变换规则1是对原有模型的一种根本性改变，原有工具元件 S_2 对作用元件 S_1 的 F_1 作用被取代，需要用新的元件和场来满足原有的功能。

2. 变换规则2：引入新的物质和场作用于工具元件

如果问题的物质-场模型已经存在，但是两种物质之间的作用是存在问题的，引入第三种物质和场作用于原工具元件。如图6.4所示，为了改善两个物质 S_1 和 S_2 之间存在的不足作用、有害作用或不理想作用，引入第三种物质 S_3，并通过新场 F_2 作用于原工具元件 S_2，被 F_2 改变后的 S_2 产生场 F_1' 并作用于 S_1。

图6.4　引入新的物质和场作用于工具元件

3. 变换规则3：引入新的物质和场作用于被作用元件

如果问题的物质-场模型已经存在，但是两种物质之间的作用是存在问题的，引入第三种物质和场，作用于被作用元件。如图6.5所示，为了改善两个物质 S_1 和 S_2 之间存在的不足作用、有害作用或不理想作用，引入第三种物质 S_3，并通过新场 F_2 作用于被作用元件 S_1。在 F_1 和 F_2 的共同作用下，达到期望的结果。

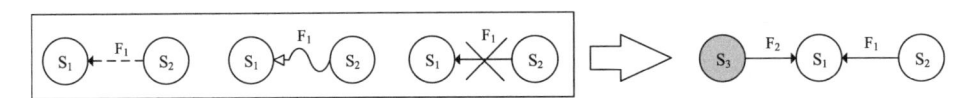

图6.5　引用新的物质和场作用于被作用元件

需要说明的是，规则3与规则2在形式上是相似的，区别之处在于，规则2引入的新的附加场 F_2 是作用于原有的工具元件 S_2 的，而规则3所引入的新的附加场 F_2 是作用于被作用元件 S_1 的。

虽然规则2和规则3是不同的，但由于两个模型存在一定的相似性，按照规则得到转换后的模型在类比具体解时不一定是不同的。建议无论使用规则2还是规则3，都要考虑另一个规则（规则3或规则2）。要考虑附加场 F_2 对双方的影响，这样才能不遗漏可能的解，也更容易得到合理的解。

4. 变换规则4：引入中介物和场

如果问题的物质-场模型已经存在，但是两种物质之间的作用是存在问题的，引入第三种物质作为中介物加入工具元件与被作用元件之间，并且带入新的场,作用于工具元件或被作用元件。如图 6.6 所示,为了改善两个物质 S_1 和 S_2 间存在的不足作用、有害作用或不理想作用,引入第三种物质 S_3 作为中介物,并通过场 F_2 作用于工具元件 S_2 或被作用元件 S_1。

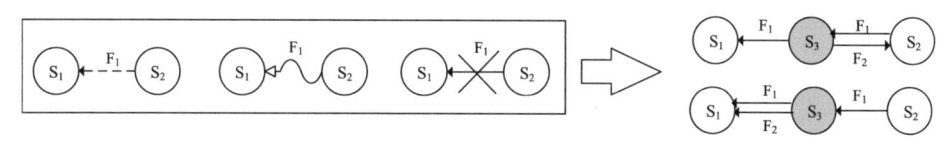

图 6.6 引用中介物和场

若引入的中介物 S_3 通过场 F_2 作用于工具元件 S_2,会使 S_2 产生变化或对 S_2 产生的场 F_1 产生影响,最终 S_2 产生的场 F_1 经 S_3 被修正为 F_1',并最终作用于 S_1,产生预期效果。

若引入的中介物 S_3 通过场 F_2 作用于被作用元件 S_2,同时,F_1 通过 S_1 也传递到 S_3,在场 F_1 和 F_2 的共同作用下,S_2 达到预期目标。

规则 4 描述的两种变换,引入物质 S_3 的作用可以归纳为以下两点。

① 增强作用:当原有场 F_1 对 S_1 的作用不充足时,S_3 通过场 F_2 可以加强场 F_1 的作用。

② 减弱作用:当原有场 F_1 对 S_1 的作用过强时,S_3 通过场 F_2 减小场 F_1 对物质 S_1 的过度作用。

考虑到 S_3 的引入有可能对 S_1 和 S_2 都产生影响,因此图 6.6 描述的规则可以归结为如图 6.7 所示的变换规则。该变换规则概括了规则 4 的两种可能性,并且考虑了两种可能性同时发生的情况。

与上述规则 2 和规则 3 中将引入物质放在原有物质-场模型外部相比,规则 4 将引入物质 S_3 放在物质-场模型内部,打破原有物质-场作用,变化更加直接,因此更具使用价值。当解决有害冲突时,其双向选择可以给我们提供更多可能的解决方案。

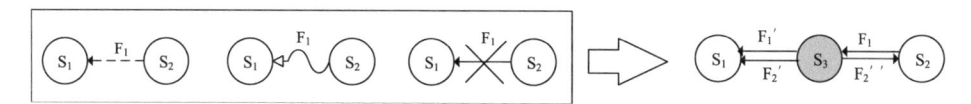

图 6.7 简化的引入中介物和场变换规则

5. 变换规则 5：引入一种场同时作用于 S_1 和 S_2

如果问题的物质－场模型已经存在，但是两种物质之间的作用是存在问题的，引入一种场同时作用于两种物质。如图 6.8 所示，为了改善两个物质 S_1 和 S_2 间存在的不足作用、有害作用或不理想作用，引入一种场 F_2，并且场 F_2 同时作用于工具元件 S_2 和被作用元件 S_1。

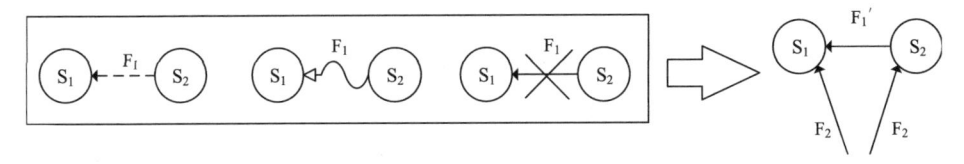

图 6.8 引入一种场同时作用于 S_1 和 S_2

规则 5 不同于其他规则，规则 1 至规则 4 都是通过引入物质或场作用于工具元件 S_2 或是被作用元件 S_1 的，而规则 5 则是引入了一种场同时作用于 S_2 和 S_1。

在规则 5 的表达模型中引入了附加场 F_2，却没有引入额外的物质，其实是对模型的一种简化。对于产生一种场而言，物质是一定存在的。一旦明确了所需要的场，接下来就是寻找能够产生相应场的物质。

6.2.2 应用物质－场模型分析问题

建立物质－场模型，并用物质－场变换规则或应用场解决物质－场表达的问题，可以按照以下步骤完成。

第一步：定义现有系统中的所有元件，初步分析各元件间的相互作用，建立系统的功能模型。

第二步：根据系统问题的表象进行根原因分析，确定冲突区域。如果存在多个冲突区域，需要各自明确。

第三步：选择一个冲突区域，用物质－场模型进行表达，并应用物质－场变换规则进行求解，得出变换后的物质－场模型。

第四步：应用 8 种场资源寻找对应模型的可能解法，并列表记录。

第五步：如果还有其他冲突区域没有分析，逐一选择，重复第三步和第四步。如果全部冲突区域均分析完毕，进入下一步。

第六步：分析找到的所有可能解，综合其中部分解，依据预期效果、成本等因素进行评价，选择一到两种进行后续的设计。

6.3 76个标准解

6.3.1 76个标准解概述

物质-场分析法已应用多年，特别是应用于不同领域的专利分析。阿奇舒勒利用它揭示了解决问题的标准条件及标准方法。在TRIZ中，"标准"这一术语表示解决不同领域问题的通用解决"诀窍"。标准条件及基本相同的解称为标准解，通过标准解给出了解决问题的有效方法。前文介绍的5个物质-场模型变换规则，是解决物质-场模型问题的一般方法。标准解可以认为是更加具体、更加深层次的物质-场模型变换规则。

76个标准解对获得高级别的原理解是有效的，一般通过根原因分析，确定冲突区域之后，冲突区域可以直接转化为物质-场模型问题，然后按照一定的规则选择标准解求解。标准解也是应用ARIZ求解问题的一个工具，一般是在完成了物质-场分析并确定了约束之后应用。

6.3.2 76个标准解分类

标准解共有76个，被分为5类，分类如下。
第1类：不改变或仅少量改变以改进系统，包含13个标准解。
第2类：改变系统，包含23个标准解。
第3类：系统传递，包含6个标准解。
第4类：检测与测量，包含17个标准解。
第5类：简化与改进策略，包含17个标准解。

1. 第1类标准解

第1类标准解的特点是改进一个系统，使其具有所需要的输出或消除不理想的输出，对系统只进行少量的改变或不改变。

该类解包含完善一个不完整的系统或非有效完整系统所需要的解。在物质-场模型中，不完整的系统是指一个系统中不包含 S_2 或 F，非有效完整的系统是指构成元素是完整的，但有用的场效应（F）不足。

（1）改进具有非完整功能的系统

①完善具有不完整功能的系统：假如只有 S_1，增加 S_2 及场 F。

例如，假定系统仅有锤子，什么也不能发生。假如系统仅有锤子和钉子，仍什么也不能发生。完整系统必须包括锤子、钉子及使锤子作用于钉子上的机械能。

②假如系统不能改变，但可接受永久的或临时的添加物。可以通过在 S_1 或 S_2 内部引入添加物来实现。

例如，在混凝土中添加疏松的炉渣，可降低其密度。

③假如系统不能改变，但用永久的或临时的外部添加物来改变 S_1 或 S_2 是可接受的。

例如，系统由雪（S_1）、滑雪板（S_2）及重力和摩擦力组成。加蜡（S_3）到滑雪板（S_2）底部，可增加滑雪速度。

④假定系统不能改变，但可用环境资源作为内部或外部添加物。

例如，航道浮标（由标记和浮筒组成）在大海中摇摆得太厉害，可充入海水使其稳定。

⑤假定系统不能改变，但可以改变系统所处的环境。

例如，机房里的计算机工作散热导致室温增加，而过高的室温可能使计算机不能正常工作，空调可改变环境温度使其正常工作。

⑥微小量的精确控制是困难的，但可以通过增加一个添加物，并在之后除去来控制微小量。

例如，注塑时使流动的塑料精确地充满一个空腔是困难的，可以采用在合适的位置留一个冒口，使空腔内的空气流出，同时也使一部分塑料流出，之后再将其去掉的方法来解决这一问题。

⑦一个系统的场强度不够，增加场强度又会损坏系统，可将强度足够大的一个场施加到另一个元件上，再将该元件连接到原系统上。同理，一种物质不能很好地发挥作用，则可连接到另外一种可用物质上发挥作用。

例如，在制作预应力混凝土构件时，方法之一是将钢筋加热，待其伸长之后固定并冷却，使之产生拉应力。浇注混凝土后，松开固定处，混凝土便产生了压应力。

⑧同时需要大的（强的）和小的（弱的）效应时，小的（弱的）效应的位置可由物质 S 保护。

例如，盛注射液的玻璃瓶是用火焰密封的，但火焰的高温将降低药液的质量。密封时，将玻璃瓶放在水中，可保持药液在一个合适的温度环境中。

（2）消除或抵消有害效应

⑨在一个系统中，有用及有害效应同时存在，S_1 与 S_2 不必直接接触，可引入 S_3 来消除有害效应。

例如，房子用支撑柱（S_2）支撑承重梁（S_1），支撑柱因接触面积小会损害承重梁（S_1）。在两者之间引入一块钢板（S_3）可分散负载，保护承重梁。

⑩与⑨类似，但不允许增加新物质，通过改变 S_1 或 S_2 来消除有害效应。该类解包括增加"虚无物质"，如空位、真空或空气、气泡、泡沫等，或增加一种场，这相当于增加一种物质。

例如，为了将两个工件装配到一起，可将内部工件冷却使其收缩，之后将两个工件装配在一起，然后在自然条件下膨胀，用热伸缩性代替润滑剂，使装配更容易。

⑪有害效应是由一种场引起的，引入物质 S_3，吸收有害效应。

例如，电子部件所发出的热量将使安装该部件的电路板变形，在该部件下放一个散热器吸收热量并将热量传递到空气中。

⑫在一个系统中，有用及有害效应同时存在，但 S_1 与 S_2 必须处于接触状态，增加场 F_2，使之抵消 F_1 的影响，或得到一附加的有用效应。

例如，水泵工作时产生噪声，水是 S_1，泵是 S_2，场是机械场 F_{me}。引入一个与所产生的噪声相位相差 180°的声学场来抵消噪声。

⑬在一个系统中，由于一个元件存在磁性而产生有害效应，将该元件加热到居里点以上，其磁性将不存在，或引入一相反的磁场来消除原磁场。

例如，汽车上有一个指南针可指引方向，但汽车本身的磁场会影响指南针的精确读数。在指南针内部装一个小的永久磁体，可消除汽车本身的磁场影响。

2. 第 2 类标准解

第 2 类标准解的特点是通过描述系统物质-场模型的较大改变来改善系统。

(1) 传递到复杂物质-场模型

⑭ 串联的物质-场模型：将第一个模型的 S_2 及 F_1 施加到 S_3，S_3 及 F_2 施加到 S_1。串联的两个模型是独立可控的。

例如，用锤子直接敲碎岩石效率很低，可通过串联另外一个物质-场得到改善。在锤子与岩石之间加一錾子，锤子的机械能直接加到錾子上，錾子再将机械能传递给岩石。

⑮ 并联的物质-场模型：一个可控性很差的系统需要改进，但已存在的部分不能改变，则并联第二个场，并作用到 S_1 上。

例如，在用电解法生产铜板（S_1）的过程中，少量的电解液会留在铜板表面，仅用水（S_2）清洗效果不佳，增加机械能使铜板及其上的电解液处于微振动状态，会更有效地消除电解液。

(2) 加强物质-场

⑯ 对于可控性差的场，用一个易控场来代替，或增加一个易控场。

例如，由重力场变为机械场，由机械场变为电场或电磁场，其核心是由物体的物理接触转到场的作用。如用液压转向系统代替机械转向系统。

⑰ 将 S_2 由宏观变为微观。

例如，设计一个刚性支撑系统，将重量均匀分布在不平的表面上是很困难的，而充液胶囊能将重量均匀分布。

⑱ 改变 S 成为多孔物质或具有毛细孔的材料，允许气体或液体通过。

例如，采用油管喷油润滑齿轮，油液分布不均匀，可采用多孔分配器。另外，用多孔材料制造的含油轴承也是该标准解的典型案例。

⑲ 使系统更具有柔性或适应性。

例如，汽车齿轮变速器无论是手动的还是自动的，其速比是有限的几个固定值，而液压变速系统的速比在一定范围内是连续的。

⑳ 使一个均匀的场变为不均匀的场，或使具有无序结构的场具有确定的时空结构（永久或临时），以提高系统的效率。

例如，驻波被用于液体或粒子定位。超声焊接利用调谐元件将振动集中到一个小的面积上。

㉑将一个均衡物质或不可控物质变为永久的或临时的具有预定空间结构的不均衡物质。

例如，预应力钢筋改变了混凝土构件的性质。

（3）控制频率使其与一个或两个元件的自然频率匹配或不匹配

㉒使作用的频率与 S_1 或 S_2 的自然频率匹配或不匹配。

例如，将肾结石暴露在与其自然频率相同的超声波之中，可实现在体内破碎结石。

㉓使 F_1 与 F_2 的频率匹配。

例如，加一个与已有振动振幅相同、幅角相差 180°的振动信号，振动可被消除。

㉔两个不相容或独立的动作，其中一个动作可以在另一个动作的间歇时间内完成。

例如，加工工件时，在两次切削中间测量工件尺寸。

（4）铁磁材料与磁场结合

㉕在一个系统中增加铁磁材料和/或磁场。

例如，磁悬浮列车利用移动磁场来推动列车运行。

㉖结合标准解⑯与㉕，利用铁磁材料与磁场，增加场的可控性。

例如，增加铁磁材料及磁场，可控制橡胶模具的刚度。

㉗利用磁流体。磁流体是标准解㉖的一个特例。磁流体，即胶状铁磁粒子悬浮在煤油、硅树脂或水中。

例如，利用磁流体密封。

㉘利用含有铁磁粒子或流体的毛细结构。

例如，在磁场间建立由铁磁材料制成的过滤器，其精度可由磁场控制。

㉙利用添加物（如涂层），使非磁性物体永久或临时具有磁性。

例如，在理疗过程中，在药物粒子中增加磁性粒子，体内的磁性粒子将被吸引到外部磁力线周围，达到磁力线精确定位的目的。

㉚如果物体不具有磁性，将铁磁物质引入环境中。

例如，将一个涂有磁性材料的橡胶垫子放在汽车内，工具被吸到该垫子上，使用起来更方便。同样的装置可用于医疗器械的放置。

㉛利用自然现象，如物体按场排列，或加热物体到居里点以上，使其失去磁性。

例如，核磁共振成像是利用调频振动磁场探测特定细胞核的振动，影像的颜色说明某些细胞的集中程度。（由于肿块的含水密度不同于正常组织，所以其颜色与正常组织不同，因此就可被探测出来。）

㉜利用动态、可变或自动调整的磁场。

例如，非规则空腔壁厚的测试可采用在空腔内部放一个铁磁体，外部分布感应式传感器的方法。为了提高精度，铁磁体也可以替换为表面涂有铁磁粒子的气球，气球放在空腔内，具有空腔内部形状。

㉝添加铁磁粒子改变材料的结构，施加磁场移动粒子。通过这种途径，使非结构化系统变为结构化系统，或相反。

例如，为了在塑料垫子表面形成某种图案，在塑料液体内加入铁磁粒子，用结构化的磁场拖动铁磁粒子形成所需要的形状，直到液体凝固。

㉞与场的自然频率相匹配。对于宏观系统，采用机械振动增强铁磁粒子的运动。在分子及原子水平上，材料的复合成分可采用改变磁场频率的方法用电子谐振频谱确定。

例如，微波炉加热食品的原理为微波（激振源）与水分子的固有频率接近。

㉟用电流产生磁场并代替磁粒子。

例如，电磁场在不使用时可以关闭，改变电流可获得所需要的磁场。

㊱电流变流体的黏度可以通过改变电场强度得到控制，它们可以和其他方法一起使用。

例如电流变流体轴承。

3. 第3类标准解

当第1、第2和第4类标准解解决问题不是非常充分时，可以采用第3类标准解。该类标准解的特点是系统向双系统、多系统转换或转换到微观水平。

（1）转换到双系统或多系统

㊲系统转变1：将系统转换成双系统或多系统。

例如，为了处理方便，多层布叠在一起同时被切成所需要的形状。

㊳改进双系统或多系统中的连接，提高系统动态性。

例如，对于四轮驱动的汽车，前后轮的差速器具有动态的连接关系。

㊴系统转换2：在系统中增加新的功能。

例如，复印机不仅能复印不同尺寸、不同介质的复印件，还能实现自动分类排序、装订等功能。

㊵简化双系统及多系统。

例如，现代豪华客车集运输、各种控制、娱乐于一体。

㊶系统转换3：利用整体与部分之间的相反特性。

例如，自行车链条每个链接是刚性的，但整体是柔性的，使整体产生柔性体的运动。

（2）转换到微观水平

㊷系统转换4：转换到微观水平来实现控制。

例如，在玻璃生产线中，使用盛满锡液的槽来传运玻璃，可使玻璃表面平整光滑。

4. 第4类标准解

第4类标准解是检测与测量。检测与测量是典型的控制环节。检测是指检查某种状态发生或不发生。测量具有定量化及一定精度的特点。一些创新解采用物理、化学、几何的效应来完成自动控制，而不采用检测与测量。

（1）间接测量方法

㊸修改系统，使得其不再需要检测与测量。

例如，采用热耦合或双金属片制造的开关，可以实现热系统的自调节。

㊹如果标准解㊸无法实现，测量一复制品或肖像。

例如，比较仪用于放大并精确测量一物体的肖像（影像）。有些物体通常难以测量，如软物体或具有不规则表面的物体。

㊺如果标准解㊸及㊹无法实现，利用两次测量代替连续测量。

例如机械加工中的量规。

（2）创造或合成一个测量系统

㊻如果一个不完整的物质－场系统不能被检测或测量，增加单一或双物质－场，且一个场作为输出。假如已存在的场是不足的，在不影响原系统的条件下，改变或加强该场。加强了的场应具有容易检测的参数，这些参数与设计者所关心的参数有关。

例如，塑料制品上的小孔很难被检测到。将塑料制品内充满气体并密封，之后置于水中，如果水中有气泡出现，则说明有小孔。

㊼测量引入的添加物。添加一个添加物，添加物在与原系统的相互作用中发生变化，测量添加物的这种变化。

例如，生物标本可在显微镜下测量，但其细微结构很难区分与测量，增加化学试剂，使其能够区分与测量。

㊽如果系统不能添加任何添加物，在环境中添加添加物，使其通过场与系统作用，检测或测量场对系统的影响。

例如，卫星相对于地球是环境中的添加物，它产生全球定位系统的连续信号（场），地球上的人使用一个 GPS 接收器，通过测量卫星的相对位置，可以确定人在地球上的绝对位置。

㊾如果系统环境不能添加添加物（标准解㊽无法实现），通过环境中已有的物质分解或状态变化创造添加物，然后测量系统对创造的环境添加物的作用。

例如，在气泡室内，存在恰恰低于沸点温度及压力的液态氢，当能量粒子穿过时局部沸腾，形成气泡路径，该路径可以被拍照，用于研究粒子的动特性。

（3）加强测量系统

㊿利用自然现象。应用系统中存在的已知科学效应，通过观察效应中相关量的变化，确定系统的状态。

例如，导电体的温度可由电导率的变化来确定。

(51)如果系统变化不能直接或通过场测量，通过测量系统或元件激励下的谐振频率来确定系统的变化。

例如，有限元分析。在一定频率范围内，变化的力加到物体的不同位置上，计算不同位置所产生的应力，以评价设计是否合理。

(52)如果(51)无法实现，加入特性已知的元件后，测量组合体的谐振频率。

例如，不直接测量电容，而是将一未知电容的物体插入一已知电感的电路中，改变施加到电路上的电压频率，找到电路的固有频率，再计算插入物体的电容。

（4）测量铁磁场

在遥感、微装置、光纤、微处理器应用之前，为了测量可引入铁磁材料。

(53)添加或利用铁磁物质和系统中的磁场，以便于测量。

例如，道路交通通常是由红绿灯控制的，如果要知道何时有车辆等待及等待的车队有多长，可在车道内合适位置安装传感器（含有铁磁部件），使测量变得很容易。

(54)向系统中添加磁性粒子或将其中一种物质用铁磁材料代替，以便于测量（只需测量新系统的磁场）。

例如，铁磁粒子加到某种墨水中，用于纸币的印刷，可防伪。

(55)如果(54)无法实现，通过在物质中添加铁磁添加物，构建一个复杂的系统。

例如，处于压力下的液体会导致岩层的液体爆炸，为了控制液体，可加入铁磁粉末。

(56)如果系统中不允许添加铁磁颗粒，可将其添加到环境中。

例如，船模在水中的运动将产生波，为了研究波的特性，将铁磁粒子添加到水中。

(57)测量与磁有关的自然现象的结果。如测量居里点、磁滞、超导失超、霍尔效应等。

例如核磁共振成像。

（5）测量系统的进化方向

(58)转换到双系统或多系统。假如一个测量系统不能得到足够的精度，可应用两个或更多的测量系统，或者采用多种测量方式。

例如，为了测量视力，验光师使用一系列仪器测量远处聚焦、近处聚焦、视网膜整体的一致性等等。

(59)用测量对象对时间或空间的一阶或二阶导数代替对现象的直接测量。

例如，用测量速度或加速度来代替测量位移。

5. 第 5 类标准解

第 5 类标准解是简化或改进前述标准解，以得到简化的方案标准解。

（1）引入物质

(60)间接方法。

a. 使用无成本资源，如空气、真空、气泡、泡沫、空洞、缝隙等。

例如，制造潜水用的潜水服。为了保持温度，传统的想法是增加橡胶的厚度，其结果是会增加其重量，这种设计是不合理的。使橡胶产生泡沫，不仅减轻了重量，还提高了保暖性，这是合理的设计。

b. 利用场代替物质。

例如，如何不钻孔发现墙内的钢筋？有三种场探测方法：第一种方法是敲墙，有钢筋的位置发出的声音与其他位置不同；第二种方法是用磁铁探测钢筋；第三种方法是利用超声波发生器及接收器探测，钢筋处会返回较强的回音。

c. 用外部添加物来代替内部添加物。

例如，在支撑柱与承重梁间加块钢板。

d. 利用少量活性很强的添加物。

例如，利用铝热剂爆炸将铝焊接到某物体上。

e. 将添加物集中到某一特定的位置上。

例如，将化学去污剂准确地放在有污点的位置，可去掉污点。

f. 引入临时添加物。

例如，为了治疗骨伤，要在骨头上固定一个金属钉，等骨伤治愈后，将金属钉去掉。

g. 假如原系统中不允许添加添加物，可在其复制品或对象模型中添加添加物。在现代应用中，包括仿真的应用和添加物的复制。

例如，网络会议允许与会者不在同一会场。

h. 引入一种化合物，反应后产生所需要的元素或化合物，而直接引入期望的化合物是有害的。

例如，人体需要钠，但金属钠对人体有害，而食盐中的钠则可被人体吸收。

i. 通过分解环境或对象本身获得所需的添加物。

例如，在花园中掩埋垃圾代替使用化肥。

㉛将元件分为更小的单元。

例如，为了提高飞机的速度，需要增加螺旋桨的长度。但长螺旋桨尖端的转动速度超过了声速，这将导致振动，此时，两个小螺旋桨优于一个大螺旋桨。

㊷添加物被使用后自动消除。

例如，使用干冰人工降雨，不会留下任何痕迹。

㊸如果环境不允许大量使用某种材料，使用对环境无影响的物质。

例如，为了升起陷入沼泽地中的飞机，采用一种膨胀式升起装置。不能使用机械式千斤顶，因其自身也会陷入沼泽地中。

（2）使用场

㊹使用一种场来产生另一种场。

例如，在回旋加速器中，加速度产生切伦科夫辐射，这是一种光，变化的磁场可以控制光的波长。

㊺利用环境中已存在的场。

例如，电子装置利用每个元件所产生的热量引起空气流动来进行冷却，而不用附加风扇。这种方法可改善整体设计的性能。

㊻使用能够作为场源的物质。

例如，在汽车内，将热机冷却剂作为一种热能（场）资源供乘客取暖，而不是直接应用燃料。

（3）相变

㊼相变1：替代相。

例如，利用物质的气、液、固三相。为了方便运输某种气体，使其变为液相状态，使用时再变回气相状态。

㊽相变2：双相状态（复相状态），应用的是物质在两相混合状态下具有的特性。

例如，在滑冰中，摩擦力使冰刀下的冰（固相）变为冰水混合物（固液两相），减小了摩擦力。

⑥⑨相变3：利用相变过程中的伴随现象。

例如，当金属超导体达到零电阻时，它变成了一种非常好的热绝缘体，可以用作热绝缘开关，隔开低温装置。

⑦⑩相变4：转换到两相状态，应用的是物质在不同相状态下所具有的不同特性。

例如，用介质－金属相材料制作可变电容。加热时，某些层变成导体，冷却时又变为绝缘体，电容的变化是靠温度控制的。

⑦①相之间的相互作用。在系统中引入元件或元件之间的相互作用，使系统更有效。

例如，利用能发生化学反应的材料作为热循环发动机的工作元件。材料受热后分解，冷却时重新结合，以此改善发动机的功能（分解后物质具有更小的分子质量，传热更快）。

（4）应用自然现象

⑦②转换过程自控制。假如某物体必须具有不同的状态，从一个状态转换到另一个状态由自身来实现。

例如，用于保护无线望远镜的避雷针是充满低压气体的管子，在雷电发生之前，区域内的静电势处于高水平，管中气体被电离，将雷电引入地下的通道。当雷电结束后，气体还原，装置的环境处于中性状态。

⑦③当输入场较弱时，加强输出场。这通常可在接近相变点时实现。

例如，真空管与晶体管都可以用小电流控制大电流。

（5）生成更高形态或更低形态的物质

⑦④通过分解获得物质粒子（离子、原子、分子等）。

例如，如果系统中需要的氢不存在，而水存在，则用电离法将水转变成氢与氧。

⑦⑤通过结合获得物质。

例如，植物通过水与二氧化碳进行光合作用，长出树叶及果实。

⑦⑥应用标准解⑦⑤及⑦⑥时，如果高等结构水平的物质需要分解，但又不

能分解，由次高等结构水平的物质代替进行分解。反之，如果物质必须由具有低等结构水平的物质组合而成，而所选低等结构水平的物质不能实现，则采用高一级的物质代替。

例如，在标准解㉒的例子中，通过电离低压气体管子中的气体分子形成放电通道，而不是电离整个天线区域的气体。

第 7 章 科学效应

通过裁剪，我们通常会发现原系统存在的问题会转化成为原功能如何实现的问题。此外，在遇到管理冲突问题时，也尚未介绍解决的方法。那么，诸如此类功能如何实现的问题，应如何解决呢？

效应是指在有限的环境下，一些因素和一些结果构成的一种因果现象，多用于对自然现象和社会现象等的描述。例如温室效应、蝴蝶效应、木桶效应等。在工程技术领域，科学效应确定了产品的功能与实现该功能的科学原理之间的相关性，建立了科学与工程应用之间的联系。

当我们将问题转化后，不知道如何去解决时，如果能知道在另外的领域中已经有了成熟的解决方案与应用经验，那么将这个成熟的解决方案移植到我们的系统之中，就有可能解决问题，而且这个解决方案是低风险、低成本的。通过效应与功能导向搜索，可以帮助我们快速地找到其他领域解决我们所遇到的问题的成熟方案。

7.1 效应

7.1.1 概述

效应是 TRIZ 中一种基于知识的工具。在 TRIZ 中，知识的来源是世界专利库。通过专利分析，效应确定了专利中产品的功能与实现该功能的科学原理之间的相关性，将物理、化学等科学原理与其工程应用有机地结合在一起，从本质上解释了功能实现的科学依据。

在功能分析中，功能是功能载体改变或保持了功能受体的某一个参数，这个参数可能是能量、物料和信息的某一属性。当描述功能时，本质上是描述此属性的变化。当这些属性的变化用科学效应来描述时，就建立了功能与实现原理之间的联系。科学效应一般用科学定律或定理描述。应用效应，可以利用本领域或者其他领域的有关定律解决设计中的问题。前文中功能的描述就可以通过输入量经过效应后变成的输出量来描述。例如，功能模型加热物体就可以转换为热传递效应的温度变化（见图7.1）。

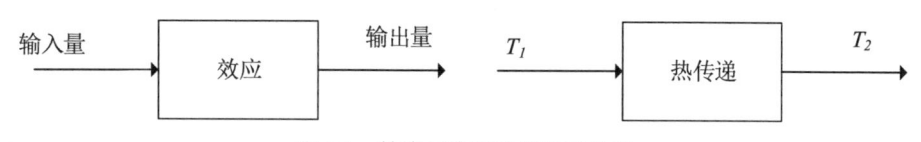

输入量 → 效应 → 输出量 T_1 → 热传递 → T_2

图 7.1　效应示意图及热传递效应

7.1.2　效应链与效应模式

除了某些最简单的技术系统外，绝大多数技术系统往往都包含多个效应。以实现技术系统的功能为最终目标，将一系列依次发生的效应组合起来，就构成了效应链。构建效应链的基本组成方式称为效应模式。效应模式包括以下几种。

1. 串联效应模式

预期的输入/输出转换，由按顺序相继发生的多个效应共同实现，如图7.2所示。

→ 效应一 → 效应二

图 7.2　串联效应模式

2. 并联效应模式

预期的输入/输出转换，由同时发生的多个效应共同实现，如图7.3所示。

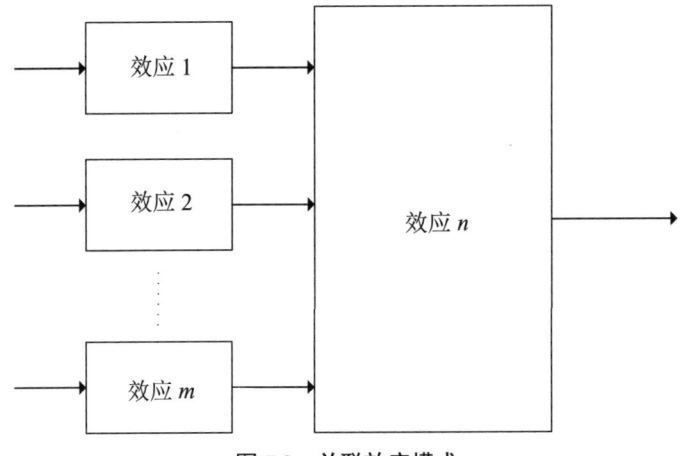

图 7.3　并联效应模式

3. 环形效应模式

预期的输入/输出转换，由多个效应共同实现，后一效应的输出通过一定方式返回到前一效应，作为前一效应的输入，如图 7.4 所示。

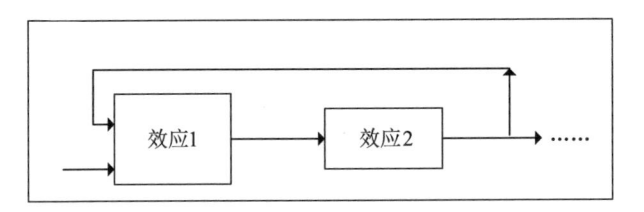

图 7.4　环形效应模式

4. 控制效应模式

预期的输入/输出转换，由多个效应共同实现，其中一个或多个效应的输出由其他效应的输出控制，如图 7.5 所示。

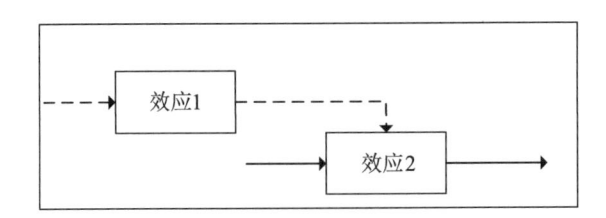

图 7.5　控制效应模式

随着人类社会的发展，现代科技的分工越来越细。在大学阶段开始，未来的工程师们就分别接受不同专业领域的训练，某一专业领域的工程师通常不会运用其他领域中解决问题的技巧和方法。同时，随着工程系统复杂程度的增加，一个技术领域中的产品往往包含多个不同专业的知识。要想设计一个新产品和改进一个已有产品，就必须整合不同专业领域的知识，但是绝大部分工程师都缺乏系统整合的训练，他们往往不知道在其所面对的问题中，90%已经在其所不了解的领域被解决了。知识领域的限制使他们无法运用其他领域解题技巧的背景知识，所以，工程师狭窄的知识领域是创新的一道障碍。

科学效应是普遍存在于各领域的特定科学现象。在解决工程技术问题的过程中，各种各样的物理效应、化学效应或几何效应以及很多不为设计者所知的某些方面的科学知识，对于问题的求解往往具有不可估量的作用。

7.2　TRIZ中的效应

在TRIZ中，以世界专利为知识库，按照"从技术目标实现方法"的方式来组织科学效应库，发明者可以根据TRIZ的分析工具确定需要实现的"技术目标"，然后选择需要的"实现方法"及相应的科学效应。TRIZ的效应库和组织结构，便于发明者应用效应。

通过对250万份世界高水平发明专利的研究分析，阿奇舒勒发现了这样一个现象：那些不同凡响的发明专利通常都是利用了某种科学效应，出人意料地将已知的效应（或几个效应的综合）用到以前没有使用过该效应的技术领域中。他指出，在工业和自然科学中的问题和解决方案是重复的，技术进化模式是重复的，有1%的解决方案是真正的发明，而其余部分只是用一种新的方式来应用以前已存在的知识概念。因此，对于一种新的技术问题，大多数情况下都能从已经存在的原理和方法中找到该问题的解决方案。

由于不同领域涵盖的内容过于广泛，而科学效应的数量也很多，在阿奇舒勒的建议下，TRIZ研究者共同开发了效应数据库，总结出在工程上最为常见的30类功能问题，以及解决这些问题使用最为广泛的100种科学效应。

7.2.1 常见功能问题

在工程上常见的具有难度的问题，为便于查找与描述，为其编制了功能代码，具体见附录：功能与科学效应和现象对应表。

7.2.2 使用效应解决问题的流程

设计一个新技术系统时，将两个技术过程连接在一起，需要找到一个"纽带"。虽然人们知道这个"纽带"应该具备什么样的功能，但是却不知道这个"纽带"到底应该是什么。此时，就可以到效应库中，根据"纽带"所应该具备的功能来查找相应的效应。

当对现有技术系统进行改造时，往往希望将那些不能满足要求的组件替换掉。此时，由于该组件的功能是明确的，因此可以将该组件所承担的功能作为目标，到效应库中查找相应的效应。

在对系统进行裁剪后，被裁剪对象的有用功能需要再分配，当在其他组件中找到适合的资源时，如何让资源实现所需功能，也可到效应库中查找对应的效应。

应用效应解决问题的一般步骤如下。

（1）根据问题的实际情况定义出解决此问题所需要的功能。

（2）根据功能从功能与科学效应和现象对应表中明确与此功能相应的代码，即 F1~F30 中的一个。

（3）从本书附录中查找此功能代码，得到 TRIZ 中所推荐的科学效应。

（4）查找该科学效应的详细解释，并用于解决问题，形成解决方案。

【例】大街上不间断的单调噪声使人疲乏，而且会打断工作，普通的百叶窗在一定程度上减少了噪声，但单调的声音并没有变化。这一单调的声音来自交通流引起的声音振动频率的不间断波谱。

应用效应解决问题的步骤如下。

（1）系统的功能需求是降低噪声。

（2）噪声是由结构振动引起的，将降低噪声问题进一步抽象，转换为结构稳定的问题。

（3）参照功能与科学效应和现象对应表中 F24 "形成要求的结构，稳定物体结构"问题，对应的效应包括弹性波、共振、驻波、振动等，选择振动。

（4）物理学家告诉人们，有一种频率过滤器可以改变复杂振动（包括声学上的振动）的频谱结构。这些过滤器是中介或变换工具，过滤或减弱特定频率的同时让其他频率通过。另一个解决方法是用具有不同大小细孔的百叶窗，使对声学振动的机械过滤达到了理想效果，使过滤后传入的声音类似于沙滩上的频谱，这些声音不再会引起疲劳、分散注意力等。

7.2.3 效应库

应用最为广泛的 100 条科学效应，为便于查找与描述，也为其编制了科学效应和现象符号，具体见附录：功能与科学效应和现象对应表。

第8章 技术系统进化理论

8.1 技术系统概述

一种产品进入市场后，它的销售量和利润都会随着时间的推移发生变化，这种变化往往经历由少至多，再由多慢慢变少的过程，就好像人的生命一样，有着诞生、成长、成熟、最终衰亡的周期。企业在制订新产品研发计划时，要预测产品的技术水平，准确把握市场脉搏，及时研发并生产出领先于竞争对手的产品，在市场中占得先机。

作好产品的规划，首先要分析和把握产品的发展趋势。阿奇舒勒在分析大量专利的过程中发现，发明创造背后隐藏着客观的基本规律：产品及其技术的发展是有规律可循的，而且同一条规律，往往在不同的产品技术领域反复出现。当掌握规律之后，就可以判断出产品技术成熟与否，就可以把握产品的发展趋势与发展方向，从而解决企业发展的战略问题。

8.2 技术系统进化的四个阶段

1. 婴儿期

当有一个新需求并且这个需求具有一定意义，一个新的技术系统就会诞生。该阶段，系统能够提供新的功能，但整个系统处于初级，效率低，可靠性差，存在一些尚未解决的问题。此时，称为婴儿期。

处于婴儿期的技术系统和产品，尽管能够提供新的功能，但由于人们对其未来比较难以把握，价值难以明确判断，投资风险较大，因此只有少数眼光独到者才会支持,处于此阶段的系统所能获得的人力、物力上的投入是非常有限的,发展也较为缓慢。

婴儿期的技术系统与产品由于是新提出的方案,此时产生的专利级别很高,但专利数量较少。此时,由于人力、物力上的投入有限,性能完善上较为缓慢,因此,技术系统与产品在此阶段的经济收益为负值。

对于婴儿期的技术系统与产品,首先应识别和消除阻碍技术系统市场化的瓶颈,在根原因分析的基础上,解决当前系统存在的问题,突出新产品优势。为更快地占领市场,可与现有主流系统集成,适应已存在的基础设施和资源。与竞争系统相比,新系统在自身优势方面明显占优,应在竞争系统劣势明显的领域发展。在投放市场时,所有参数都必须是可接受的,且其中至少有一个是一流的。

2. 成长期

技术系统所采用的原理确定后,存在的各种问题逐步得到解决,效率和产品可靠性得到较大程度的提升,开始得到社会的广泛认可,发展潜力也开始显现。此时,称为成长期。

进入成长期的技术系统和产品,因发展潜力已开始显现,从而吸引了大量的人力、财力。大量资金的投入,会推进技术系统获得高速发展。

在成长期的技术系统与产品,由于各种资源投入的增多,性能急速提升。随着系统的不断改进,产生专利的数量也大幅上升,但是专利的级别开始下降。随着产品逐步被市场认可,新改进产品不断产生,系统经济收益快速提升。

对于成长期的技术系统与产品,应尽可能找到技术系统中存在的缺陷,不断改进;同时,应不断使技术系统适应新领域或新应用,占据更多的市场份额。

3. 成熟期

在获得大量资源的情况下,系统快速发展,逐步趋于完善。此时,主要的工作只是系统的局部改进和完善。此时,称为成熟期。

进入成熟期的技术系统与产品,系统的性能水平达到最佳。处于此阶段的产品已进入大批量生产阶段,并获得了巨额的收益。

在这一时期，仍会产生大量的专利，但专利级别更低，而且会出现很多垃圾专利。随着市场的逐渐饱和，产品渐渐进入价格战阶段，利润到达峰值并开始减少。

对于成熟期的技术系统和产品，企业要开始降低产品冗余程度，以控制成本、保持利润。此时，系统将很快进入下一个阶段——衰弱期。企业需要着手布局下一代的产品，制定相应的企业发展战略，以保证本代产品淡出市场时有新的产品来承担起企业发展的重担，否则，企业将面临较大的风险，收益也会出现大幅回落。

4. 衰退期

随着技术系统性能已达到极限，不会再有新的突破，加之原市场已过度饱和，新技术系统已产生或进入成长期，或者超系统发生变化，该系统因不再有需求的支撑而面临被市场淘汰。此时，称为衰退期。

对于此时期的技术系统和产品，因面临被市场淘汰，再投入财力和物力都是浪费的。此时，其性能参数、专利等级、专利数量、经济收益四方面均呈现明显的下降趋势。

面对处于衰退期的技术系统和产品，企业必须尽快着手布局下一代的产品；同时，还应围绕现有产品开拓特殊市场，以保持产品的利润。

8.3 S 曲线和产品成熟度分析

8.3.1 技术系统 S 曲线

随着时间的推移，任何技术系统的发展都不是线性的。产品从诞生到退出市场，其发展轨迹呈 S 形，如图 8.1 所示。在 S 曲线中，横轴为时间，纵轴为技术系统的主要性能参数。

典型的 S 曲线描述了一个技术系统的完整生命周期。在 TRIZ 中，进化曲线分为四个阶段，即婴儿期、成长期、成熟期和衰退期。在每个阶段，系统中都有驱动力使其处于该阶段，并且具有该阶段相应的特点。

S 曲线描述了技术系统的一般发展规律。通过 S 曲线，设计者能够把握系统的发展方向。S 曲线指导产品或者技术系统的设计、研发方向；指导设计者在系统各阶段的决策选择，使其找到最佳解决方案；指导人们在各个领域预见并解决新的问题。

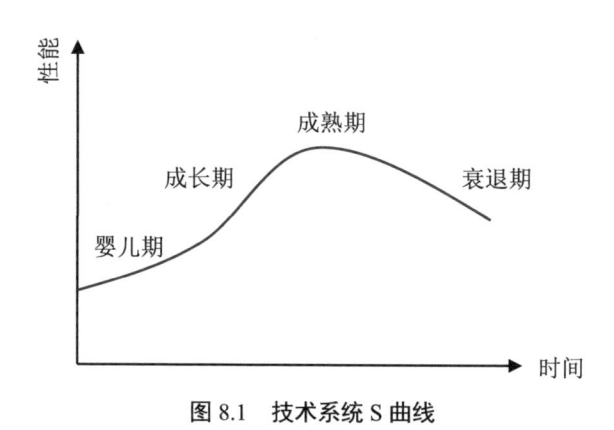

图 8.1　技术系统 S 曲线

同时，当一个技术系统发展到一定阶段后，进一步改善会变得越来越难，势必会出现新的技术系统替代它。新系统同样也有 S 曲线式的发展规律。所以，技术系统的进化一般是一个渐变式创新与突破式创新交替进行的过程。如图 8.2 所示。

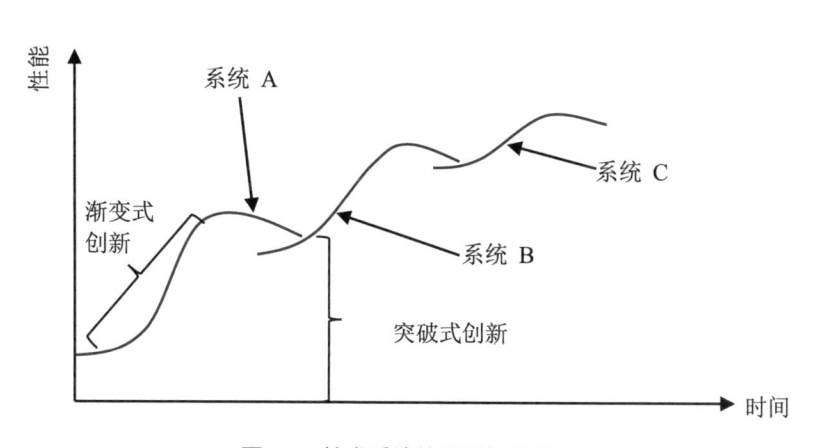

图 8.2　技术系统的发展与替代

8.3.2 技术系统成熟度预测

TRIZ 认为，任何领域的产品改进、技术变革、技术创新都跟生物系统一样，都存在产生、生长、成熟、衰老、灭亡的过程，是有规律可循的，即 S 曲线。通过判断当前技术系统在 S 曲线的位置，可确定出当前技术系统所处的时期，选取对应的战略，保持企业的良性发展。

8.3.2.1 产品技术成熟度预测的意义

企业在作出新产品研发决策时，要预测当前产品的技术水平及新一代产品可能的进化方向，这种预测称为技术预测。产品技术成熟度是某一产品在该类产品进化过程中所处的阶段，是当前技术在 S 曲线上的位置。产品技术成熟度预测是把产品作为一个技术系统进行研究，通过对当前产品技术的评价，预测当前产品处于技术生命周期的哪个阶段。

1. 产品技术成熟度是企业制定发展战略的重要参考

针对技术系统发展 S 曲线，在每一个发展阶段，企业技术战略和创新战略都要作出具有针对性的安排。

针对产品技术成熟度的不同，选取的创新策略也有所不同。当产品处于婴儿期或成长期时，应首选改进当前产品的性能，即采取渐变式创新，不断完善产品。当产品处于成熟期或衰退期时，在控制成本的同时，要将重点放在开发新技术或新市场，即采取突破式创新。如图 8.3 所示。

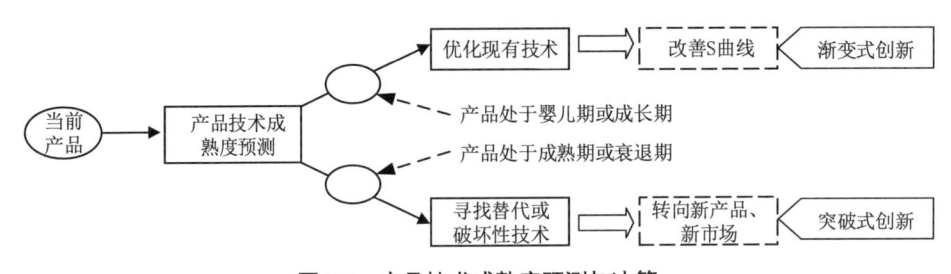

图 8.3 产品技术成熟度预测与决策

2. 产品技术成熟度是进行技术贸易的重要参考

将产品的价格、获利能力和风险在技术系统生命周期中的变化趋势绘制到一起，如图 8.4 所示。产品技术成熟度处于婴儿期，引进技术的风险很大，获利能力很小，价格很低；产品技术成熟度处于成长期，引进技术的风险逐渐降低，获利能力有较大增长，价格也开始大幅提高；产品技术成熟度处于成熟期，引进技术的风险最小，获利能力最高，价格也最高；产品技术成熟度处于衰退期，引进技术的风险又回到最大，获利能力很小，价格很低。

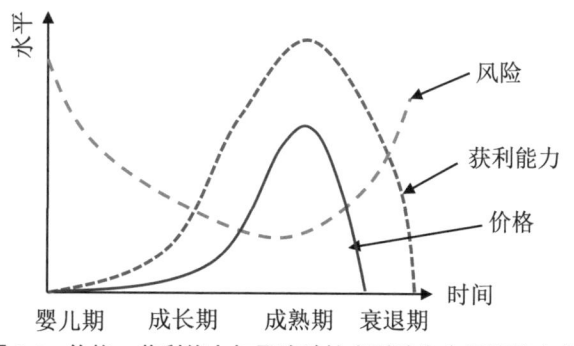

图 8.4 价格、获利能力与风险随技术系统生命周期的变化

3. 产品技术成熟度预测可以帮助企业寻找自身差距

对于一项产品技术而言，不同企业的产品技术成熟度因其水平的差异而有所不同。在某行业中，技术领先的企业产品技术成熟度高，该企业的产品技术成熟度代表了该领域的技术成熟度。如图 8.5 所示，两条 S 曲线分别代表了同一技术系统在两个企业的发展过程。显然，发展超前的企业代表了当前市场中该产品的技术成熟度。企业可根据技术成熟度间的差距，明确产品问题，改进产品或开发差异市场。

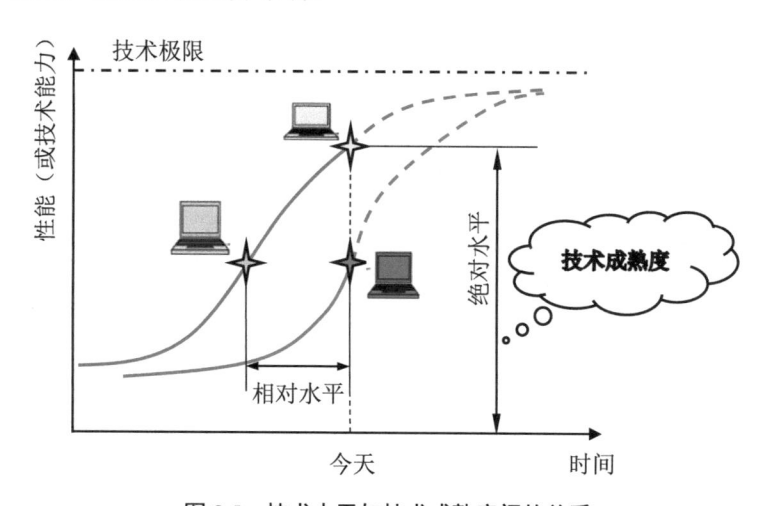

图 8.5 技术水平与技术成熟度间的关系

8.3.2.2 产品技术成熟度预测的方法

产品技术成熟度预测的方法有很多，在经典 TRIZ 中，主要是以性能参数、专利数量、专利级别和经济收益等四个方面展示了系统在各个时期的特点，如图 8.6 所示。

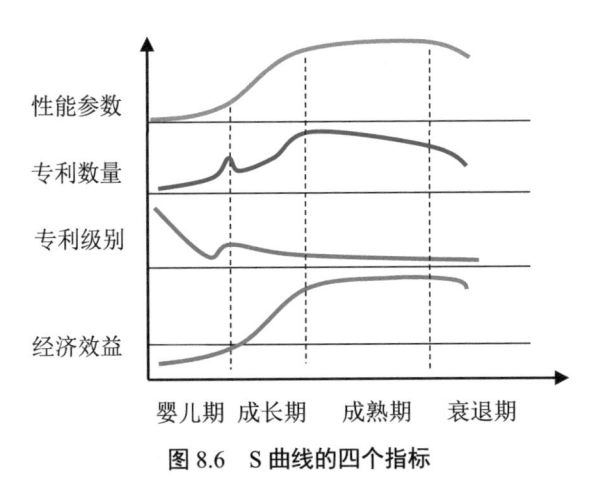

图 8.6 S 曲线的四个指标

时间-性能参数曲线表明，随着时间的推移，产品性能不断增加，在成熟期达到最优，但是到了衰退期，性能开始下降。

时间-专利数量曲线表明，新技术开始阶段有一定的风险，研发人员和企业数量有限，专利的数量较少，但随着技术逐渐成熟，参与竞争的企业和技术人员数量增加，专利数量也随之增多，也随之出现了垃圾专利。从成熟期开始，投入产出比开始下滑，专利数量也慢慢下降。

时间-专利级别曲线表明，产品处于婴儿期的专利级别最高，级别较高的发明也预示新技术的萌芽。随着产品逐渐成熟，限制产品性能的关键问题得到解决之后还会出现一些高级别的专利，但整体专利的级别会下降。

时间-经济效益曲线表明，产品处于婴儿期时，企业只有投入没有产出；到成长期，情况有所改善，成长期开始后，其开始获利；随着产品不断成熟，产品进入大批量生产阶段，并获得巨额的收益；然后随着技术系统主要性能达到极限，收益开始下降。

在用各种方法对产品进行预测时，需要注意以下几个问题。

（1）性能指标的确定。性能参数是比较容易获得的，但比较困难的是从不同的性能指标中选出相对重要的指标，且在产品生命周期的不同阶段，性能的侧重点会不断改变。所以，使用性能指标时，可以选取几个性能参数各自参考，分别得出发展曲线，根据曲线进行综合衡量。

（2）专利数量、级别的确定。在确定专利数量时，首先要定义竞争环境，查找竞争环境下的专利申请，以确定专利的数量与级别。现在的产品往往具有多功能，而不同功能对应的专利数量与级别也不尽相同。根据系统关键功能，可整体或部分进行专利数量与级别的检索，从而确定所处周期。

（3）标志性专利特征。技术系统婴儿期有一个显著特征就是新技术适应了需求，即新产品进入大众视野中，我们可称之为标志性专利特征。如何判断标志性专利，可以采用以下几个方法：一是当一种物理的、化学的或几何的效应被首次用于该产品；二是一种新功能首次实现；三是技术的引入使该产品进入新的应用领域或进入新的细分市场；四是一种新结构或新工艺被首次应用到该产品中。

（4）获利能力指标的确定。技术的获利能力可以用多种指标来大致衡量，如单位时间内产品的销售利润、单位时间内的销售数量、单位时间的平均单机（件）利润等。不同类型产品应该通过不同的指标来衡量，但必须符合该产品、企业和行业特点。体现技术获利能力的应该是市场上该种产品总销售范围内的平均获利，所以可以利用一些行业的公报来获取数据，而占有一定市场份额的企业，可以利用本企业的销售情况来代替。这种预测方法存在如下局限性：受市场波动等客观因素的影响，企业的销售或者利润都不一定能准确反映获利能力，有时还涉及商业机密，获取数据有一定难度。

8.4 TRIZ 进化定律与进化路线

技术系统及其产品在发展中需要不断变化，如性能更好、质量更轻、所需能源更少等等，以提高市场竞争力。在技术系统向新的技术系统进化过程中，也是遵循一定的规律的，这些规律就是技术系统进化理论。根据技术系统进化理论，可以明确企业有竞争力的产品技术的开发方向。技术系统进化理论基本涵盖了各类产品核心技术的进化规律，每条规律又包含不同数量的具体进化模式和路线。在经典 TRIZ 中，包括八条技术系统进化法则。

（1）提高理想度法则。

（2）系统完备性法则。

（3）能量传递法则。

（4）增加协调性法则。

（5）子系统不均衡发展法则。

（6）增加动态性和可控性法则。

（7）向微观系统进化法则。

（8）向超系统进化法则。

八条技术系统进化法则之间是有一定层次的，如图 8.7 所示。其中，提升理想度法则是所有法则的目标，子系统不均衡发展法则、向微观级系统进化法则以及增加动态性和可控性法则是增加协调性法则的一些方向。部分法则决定了产品能否生存，部分法则指引系统发展的方向。

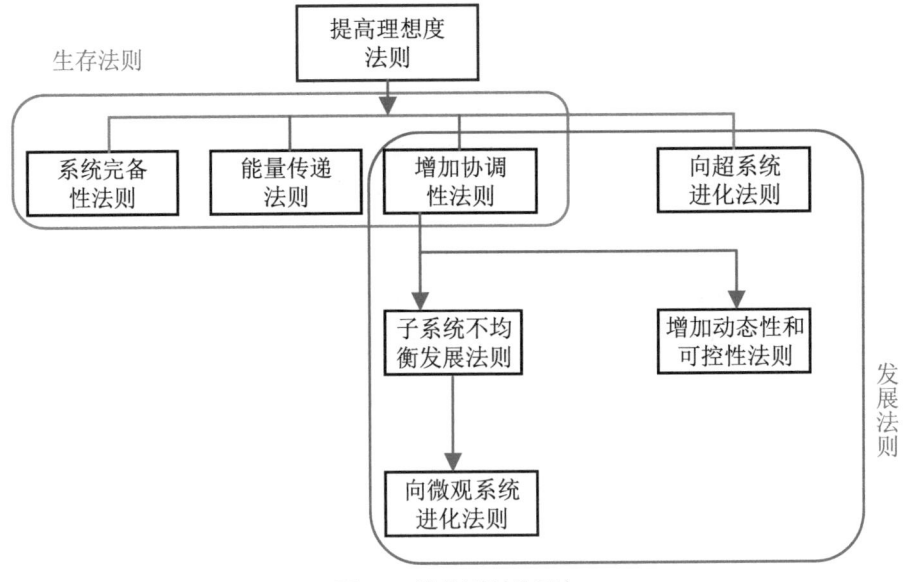

图 8.7 进化法则的层次

当技术系统及产品处于 S 曲线的不同时期时，也有优先考虑使用的进化法则，如图 8.8 所示。

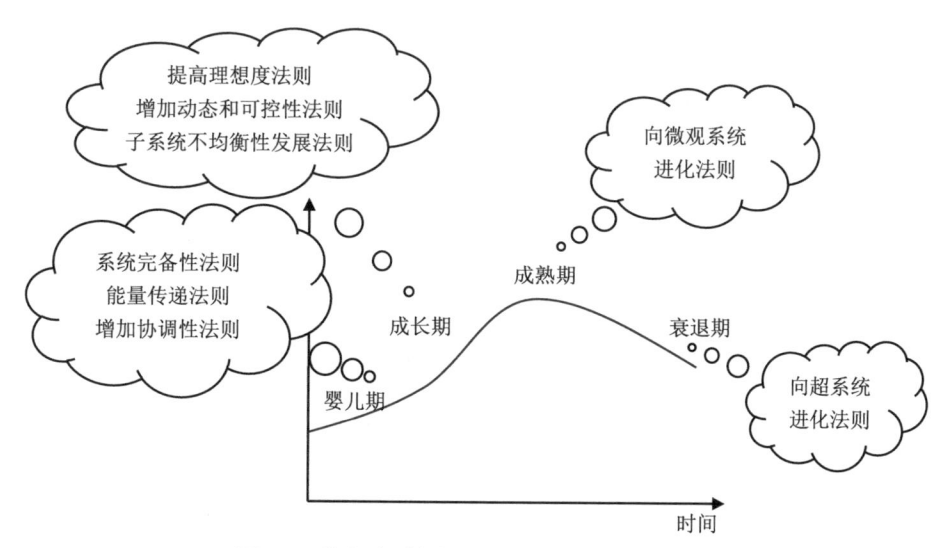

图 8.8 进化法则在技术系统发展中的不同阶段

8.4.1 提高理想度法则

提高理想度法则是所有进化法则的总方向。在经典 TRIZ 中，一般采用下面的公式来衡量产品的理想度。

$$理想度 = \frac{\sum 有用功能}{\sum 有害功能 + 成本}$$

最理想的技术系统应该是：物理实体趋于零，功能无穷大。简单地说，就是"功能俱全，结构消失"。任何技术系统，在其生命周期之中，都是沿着提高其理想度向最理想系统的方向进化的，提高理想度法则代表着所有技术系统进化法则的最终方向。理想化是推动系统进化的主要动力。

提高理想度可以从以下几个方面考虑。

（1）增加新功能与组件，以提升系统的有用功能。

例如，将复印机、打印机与扫描仪的功能集成到一体，制作办公一体机。

（2）对组件进行优化，改善功能，减少缺点，降低成本。

例如，伴随芯片技术的发展，在价格变化不大的情况下，电脑、手机的运算速度越来越快。

（3）在不削弱功能的前提下，简化子系统，简化操作，简化组件。

例如，电饭锅设计了自动压力、温度、时间控制，简化做饭的过程。

8.4.2 系统完备性法则

一个完备的技术系统至少应包含动力、传动、执行和控制四个部分。动力部分从能量源获取能量，转化为系统所需的能源；传动部分将能源传输到执行部分；执行部分对系统作用对象实施功能；控制部分提供各系统之间的系统操作。这四部分之间的关系如图 8.9 所示。

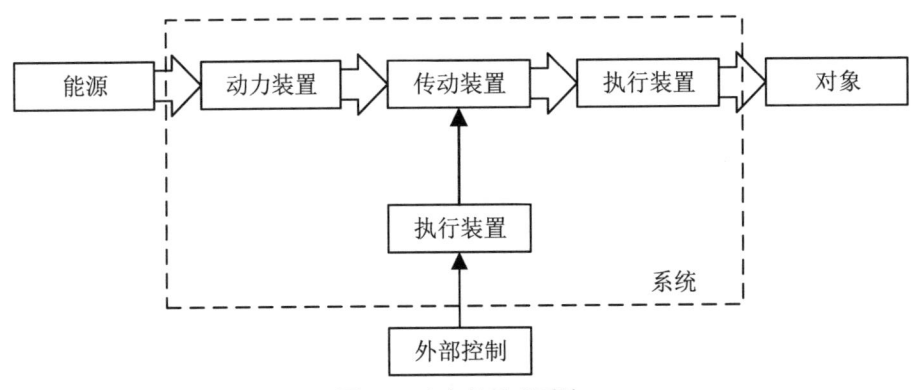

```
能源 → 动力装置 → 传动装置 → 执行装置 → 对象
                      ↑
                   执行装置
                      ↑
                   外部控制
```

图 8.9 完备的技术系统

基于系统完备性法则来分析技术系统，有助于在设计系统时确定实现所需技术功能的方法，并节约资源。利用该法则，可以帮助我们发现并消除系统中效率低下的子系统。

8.4.3 能量传递法则

能量传递法则是指系统的能量必须能够从能量源流向技术系统的所有元件。技术系统的进化沿着使能量流动路径缩短的方向发展，以减少能量损失。如果技术系统中的某个元件接收不到能量，它就不能发挥作用，就会影响到技术系统的整体功能。

减少能量损失的途径有以下几个。

（1）减少能量形式转换导致的能量损失。

（2）缩短能量传递路径，减少传递过程中的损失。

（3）提高能量的可控性。常见的场控制由难到易为：机械场、声场、热场、化学场、电场、磁场。

例如：蒸汽火车将化学能转化为热能，再转化为机械能，能量在传递过程中要经过两次变化，损失巨大，能量利用率仅为5%~15%；柴油机火车将化学能转化为机械能，能量利用率为30%~50%；目前运行的电力机车是将电能转化为机械能，缩短了能量传递路径，减少了能量在流动中的损失，能量利用率提高至65%~85%。

8.4.4 增加协调性法则

实际运行中，技术系统的主要部件或子系统都要相互配合、协调工作，这是系统作规定运动或动作的基本保障。技术系统的进化，应沿着整个系统的各个子系统互相更协调、技术系统与超系统更协调的方向发展，即系统的各个部件在保持协调的前提下，充分发挥各自的功能。系统的协调性体现在多个方面。

1. 参数协调

参数协调指系统的各部分参数由相同变为不同的一种进化形式，以适应不同的应用场合，提升系统协调性。例如，在设计网球拍时，设计师在设计时降低了球拍的整体重量，提高了灵活性。同时，增加球拍头部的重量，保证了挥拍的力量。

2. 形状协调

（1）几何形状复杂化

几何形状复杂化指系统的外形由简单形状根据需求进行变化，以提升系统协调性。其进化规律为：相同形状—自兼容形状—兼容形状—特殊形状。例如，早期积木形状单一，只能简单搭放，现在的积木可以自由组合，拼接成任意形状，如图8.10所示。

图 8.10 几何形状复杂化

（2）表面形态复杂化

表面形态复杂化指系统的表面由单一平滑向复杂多功能进化，以提升系统协调性。其进化规律为：平滑表面—带有凸起的表面—粗糙表面—带有活性物质的表面。例如，方向盘由早期的光滑表面改进为当前舒适、具有高摩擦力及附加功能的表面，如图 8.11 所示。

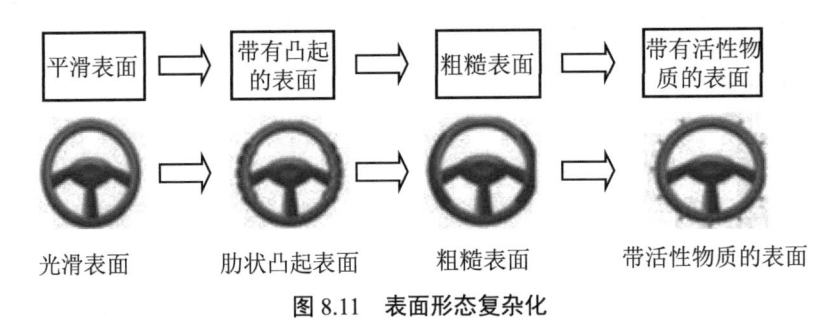

图 8.11　表面形态复杂化

（3）内部结构复杂化

内部结构复杂化指系统的内部由充实的整体向利用内部空间及结构进化，以提升系统协调性。其进化规律为：实心—中空—多孔—毛细孔结构—动态内部结构，如图 8.12 所示。例如，汽车保险杠由最初的钢结构进化为当前的复合材料，在保证相似强度的前提下大幅降低重量。

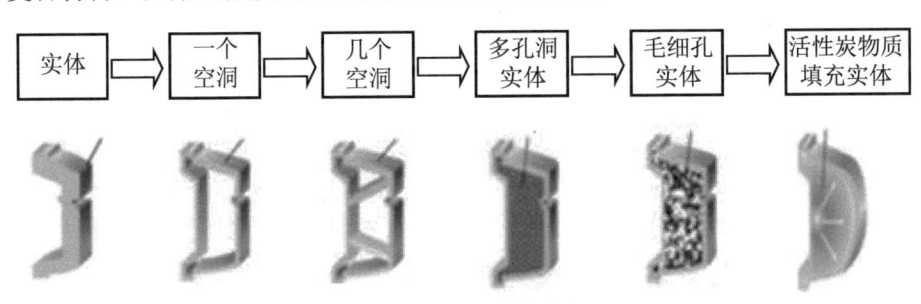

图 8.12　内部结构复杂化

3. 频率协调

频率协调指的是一个组件对另一个组件发生作用，作用的频率以持续作用—循环作用—共振作用—几个联合作用—行进波作用方式变化，以提高作用效果，提高系统频率协调性。例如，吸尘器的功能随着频率协调性的提高而得到改善，如图 8.13 所示。

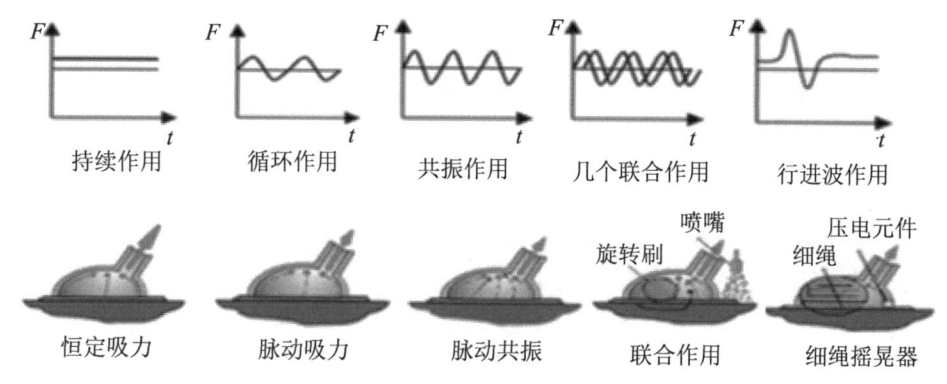

图 8.13 频率协调进化路线

4. 材料协调

材料协调指的是通过对材料按照相同材料—相似材料—惰性材料—可变特性的材料—相反特性的材料方式进化，增加材料在系统中的适应性，以提高系统材料的协调性。例如，心脏移植手术，除了捐献的心脏外，最新科技可以人造心脏以及克隆心脏。

8.4.5 子系统不均衡发展法则

每个技术系统都是由多个实现不同功能的子系统组成的。系统越复杂，子系统就越多。每个子系统进化程度各不相同，所以，越是复杂的技术系统的子系统，其非均衡程度就越高。整个系统的进化速度取决于系统中发展最慢的子系统的进化速度。例如，木桶效应中，一个木桶盛水的多少不取决于最长的木板，而恰恰取决于桶壁上最短的木板。

利用子系统不均衡发展法则，可以及时发现技术系统中的不理想子系统，及时改进不理想的子系统或用先进的子系统代替它们，使得可以用最小的成本改进系统的基础参数。例如，曾经解决火车提速问题一直聚焦在发动机动力上，该系统已经比较理想，提升难度大；可将研究重点放到载荷上，原理是每节车厢都受到阻力，当将这些阻力转化为动力，即每节车厢也作为动力源时，火车速度显著提升。

8.4.6 增加动态性和可控性法则

增加动态性和可控性法则是指技术系统会向提高其柔性、可移动性和可控性的方向进化,以适应性能需求、环境条件的变化及功能的多样性需求。

1. 结构柔性进化法则

提升系统结构柔性指系统按刚性系统—柔性系统—场的方向进化。图8.14展示了门这一技术系统结构柔性进化的过程。

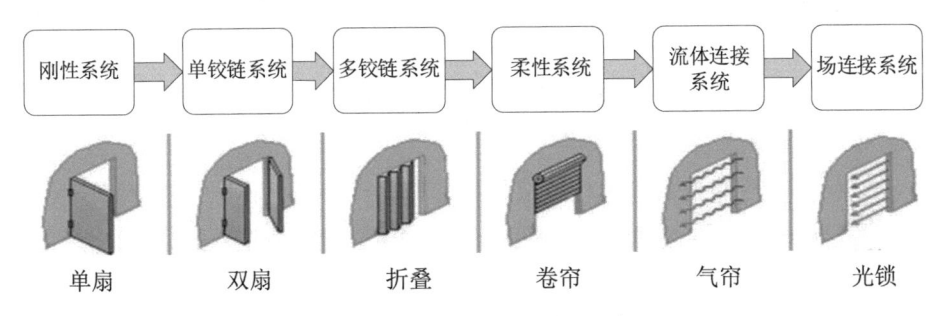

刚性系统 → 单铰链系统 → 多铰链系统 → 柔性系统 → 流体连接系统 → 场连接系统

单扇　　双扇　　折叠　　卷帘　　气帘　　光锁

图 8.14　门的结构柔性进化过程

2. 可移动性进化法则

提升系统可移动性指系统按不可动—部分可动—整体可动的方式进化。图8.15展示了电话由有线进化为手机的过程。

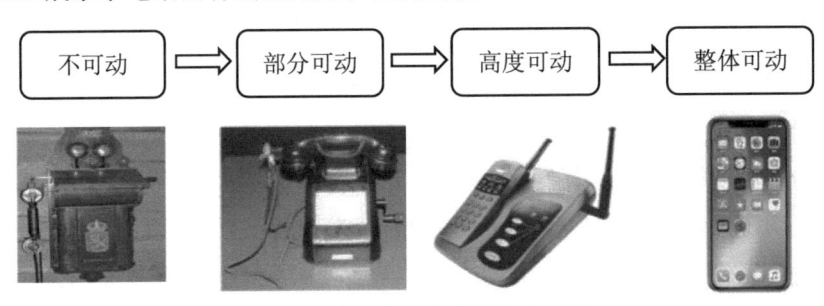

不可动 → 部分可动 → 高度可动 → 整体可动

图 8.15　电话的可移动性进化过程

3. 可控性进化法则

提升系统可控性指系统控制方式按直接控制—间接控制—反馈控制—智能控制的方向进化。例如:早期的相机不可调焦,需人调整位置;而后相机具备了调焦功能,由人操作;"傻瓜相机"实现了相机自动调焦的功能,降低了拍照难度;当前相机不但能自动调焦,还能按照需求对摄像效果进行处理,更加智能。图 8.16 展示了相机可控性进化过程。

图 8.16　相机可控性进化过程

8.4.7　向微观系统进化法则

技术系统是由物质组成的，物质具有不同层次及不同的微观物理结构。技术系统的进化是沿着减小其原件尺寸的方向发展的。技术系统可按照刚体—两个部分—多个部分—颗粒—粉末—胶状物—液体—泡沫—雾、蒸气—气体—等离子体—场—真空—理想系统的方向向微观系统进化，如图 8.17 所示。向微观级进化法则，可以使系统的尺寸更小，减少空间资源占用。向微观级跃迁使得系统组件之间的相互作用更加协调，并可能建立动态可操控的系统。

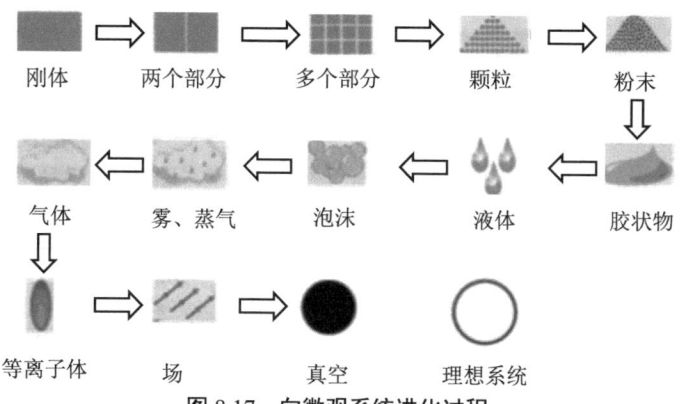

图 8.17　向微观系统进化过程

图 8.18 为切削工具的进化过程，刀具逐步由刚体向场进化，提升了加工质量与效率。

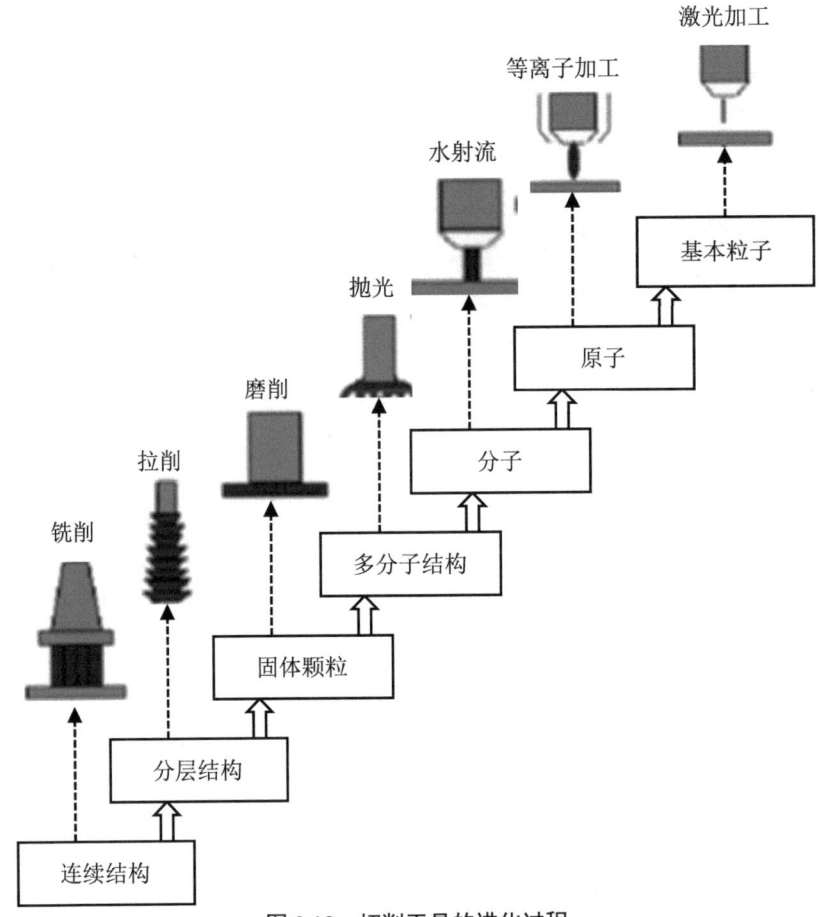

图 8.18 切削工具的进化过程

8.4.8 向超系统进化法则

系统在进化的过程中可以和超系统的资源结合在一起,或者将原来系统中的某个子系统剥离到超系统中,这样就可以使子系统摆脱自身进化过程中存在的限制要求,从而使该子系统更好地实现原来的功能。

向超系统进化有两种方式:一种是技术系统的进化沿着从单系统向多系统的方向发展;另一种是技术系统进化到极限,实现某项功能的子系统会从系统中分离出来,转移到超系统,在该子系统的功能得到增强改进的同时,也简化了原有的技术系统。

1. 向多系统进化

当系统由单系统向多系统进化时，要合并不同的系统。在合并系统时，按照合并相同系统—合并参数差异系统—合并同类竞争系统的方向进行合并。如图 8.19 所示，帆船上树立多个相同的帆，即合并了多个相同的系统；当各帆尺寸有差异时，即合并了参数差异系统；当将船帆与蒸汽机合并时，船帆与蒸汽机都可以移动船，也就是合并了同类的竞争系统。

图 8.19　增加系统的参数差异性

2. 分离子系统进化路线

在系统向超系统进化过程中，总体是按照单系统—多系统—扩大系统—去掉系统部分组件—系统部分简化—完全简化系统的方向进化的。技术系统通过与超系统组件合并来获得资源，超系统提供大量的可用资源。技术系统进化到极限时，实现某种功能的子系统会从系统中剥离转移至超系统，作为超系统的一部分。如图 8.20 所示，战斗机受油箱体积限制因而作战半径有限，需悬挂辅助油箱。而通过改变超系统，对战斗机进行空中加油，那么作为子系统的辅助油箱就不再需要了。

图 8.20　战斗机空中加油

第 9 章　方案汇总与评价

当使用 TRIZ 工具得到了若干解决方案之后，接下来就进入方案的汇总和评价环节。如何评价创新方案的可行性，如何选择和确定最终希望能够实施的创新解，将在本章中介绍。

9.1　方案评价概述

评价是人类社会中一项经常性的、极为重要的认知活动。在日常生活中经常遇到这样的判断问题：哪个学生的能力强？哪所学校的声望高？在经济管理中也经常遇到这样的判断问题：哪个企业的业绩好？哪个城市发展的情况好？等等。

现实社会生活中，对一个事物的评价常常涉及多个因素、指标或准则，而评价过程是在多因素相互作用下的一种综合判断。比如：要判断哪个企业的业绩好，就需要针对若干个不同企业的财务、营销、生产、人力资源管理、研发能力等多方面进行综合比较。可以这样说，几乎任何综合性活动都可以进行综合评价。随着人们活动范围的不断扩大，人们所面临的评价对象日趋复杂，人们不能只考虑被评价对象的某一个方面，必须全面地进行综合评价。

方案评价是决策过程中遇到的一个带有普遍意义的问题。评价是为了决策，而决策也需要评价。从某种意义上讲，没有评价就没有决策。方案评价最主要的功能是排序，这是决策的前提和基础。方案评价的目的主要有两个：一是寻找能够以最高理想度成功解决某一特定问题的最优方案；二是如果每个解决方案都有成功实施的可能，就需要通过建立创新路线图对解决方案进行组合和排序，从而实现科学的决策。

方案评价的基本思路就是根据所提出的需求，采用一定的方法，为每个方案赋予一个评价值，再据此择优或排序。其基本流程就是通过确定评价对象和评价目标（标准、准则），构建评价指标体系，选择恰当的评价方法进行评价，综合分析得出结论，提交评价报告。

这里需要注意的是：方案汇总与评价是一件主观性很强的工作，因此，在评价实施过程中必须以客观性为基础，提高评价结果的科学性和有效性。当然，由于评价方法有局限性，它的结论只能作为认识和分析事物的参考，而不能作为选择实施方案的唯一的决策依据。

方案评价的方法有很多，如分级过滤法、多准则决策矩阵、创意图等，还可以直接应用来源于其他学科的评价方法，如层次分析法、普氏矩阵、数据包络分析、灰色综合评价法、基于BP神经网络的评价法等。很多方法可以通过阅读其他文献或互联网查找资料学习，受篇幅所限，本书仅介绍其中一种比较简单易行的方案汇总和评价方法——多准则决策矩阵。

9.2　多准则决策矩阵

多准则决策矩阵是 TRIZ 大师 Valeri Souchkov 提出的一种方案评价方法，该方法通常是从项目的评价准则出发对方案进行评价。在实际解决问题过程中，这些评价准则往往在开始解决问题之前，即问题分析阶段就已经被识别出来，并且能够体现人们对解决方案的期望和要求。

表 9.1 就是一个简单的多准则决策矩阵。

表 9.1　多准则决策矩阵样式

序号		准则1	准则2	准则3	准则4	准则5	准则6	准则7	总分	排序
	权重	j_1	j_2	j_3	j_4	j_5	j_6	j_7		
1	方案1	a_1	a_2	a_3	a_4	a_5	a_6	a_7		
2	方案2									
3	方案3									
4	方案4									

(续表)

序号		准则1	准则2	准则3	准则4	准则5	准则6	准则7	总分	排序
	权重	j_1	j_2	j_3	j_4	j_5	j_6	j_7		
……	……									
n	方案n									

1. 评价准则

评价准则通常由项目的需求和方案实施主体的意愿来确定，可以是任何类型、任何方面的，包括技术、财务、美学等方面，但不包含实施解决方案预计所要花费的时间。评价准则可以有很多个，但通常情况下一般不超过10个，以5～7个为宜。

【例】确定评价准则

针对一个实际问题：玻璃瓶运输过程中，瓶子可能会破。可以根据对未来解决方案的期望确定以下准则：一是瓶子不能破；二是运输包装的体积不应增加；三是解决方案成本要低；四是便于瓶子装卸；等等。

2. 多准则决策矩阵的使用步骤

当确定完评价准则之后，可以按照下列步骤绘制多准则决策矩阵，并对方案进行评价。

步骤1：提出评价准则和方案。

将决策矩阵中的"准则"单元格替换为特定的评价准则，将"方案"单元格替换为由TRIZ产生的解决方案。

步骤2：定义准则权重（j）。

并不是所有的准则都同样重要，有些准则非常重要，有些则不那么重要，这就需要为每个准则分配权重系数。确定权重系数的方法有很多，可以通过主观赋权、客观赋权和组合赋权等方法实现。通常情况下，权重系数在0到1之间。1对应最高重要性的准则，0对应最低重要性的准则。

需要说明的是，这里的权重系数只是一个相对概念，并不是绝对的权重，只要合理地体现出准则的重要程度即可。

步骤3：分析准则与方案的匹配度（a）。

在每个单元格中，将每个方案与每个准则进行匹配。如果完全匹配，则输入"1";如果部分匹配,则输出"0";如果不匹配,则为"-1"。

步骤4:计算每个方案的得分。

$$S = \sum_{i=1}^{n} a_i j_i$$

根据如上公式计算每个方案的得分,每个方案的得分等于匹配度与权重的乘积再加和。

步骤5:方案排序。

根据每个方案的得分,按照分数从高到低对方案进行排序。在不考虑其他因素的前提下,按照分数优先选择拟实施的解决方案。

下面举一个简单的例子说明多准则决策矩阵的使用方法。

【例】对"完成软件公司销售目标"解决方案的评价

步骤1:提出评价方案和准则。

(1)提出解决方案

某软件公司针对"自身销售目标没有完成"这一问题,通过使用TRIZ,得到一系列解决方案。

①将软件业务转移到独立销售软件的公司。

②从设备中删除软件的分析部分,只有付费才能使用。

③链接嵌入式软件与服务器,如要使用服务需额外付费。

④软件本身不收费,咨询服务需额外付费。

⑤将分析部分放在服务器上,付费后即可使用。

⑥提供两个版本,一个复杂的价格贵,但可以使用全部功能;另一个只提供简单的功能,复杂功能付费后即可解锁。

⑦小额每月支付替代一次性支付。

(2)提出评价准则

经过讨论,确定了对上述解决方案的评价准则有六个:吸引消费者、容易实现、增加销售额、容易使用、不增加工作量、操作简单。

步骤2:定义准则权重。

这里采用主观赋权法,通过邀请专家进行打分汇总,确定上述六个评价准则的权重依次为:0.5、0.3、0.5、0.4、0.2和0.4(见表9.2)。

第9章 方案汇总与评价

表9.2 多准则矩阵

序号		吸引消费者	容易实现	增加销售额	容易使用	不增加工作量	操作简单	总分
	权重	0.5	0.3	0.5	0.4	0.2	0.4	
1	将软件业务转移到独立销售软件的公司							
2	从设备中删除软件的分析部分,只有付费方能使用							
3	链接嵌入式软件与服务器,如要使用服务需额外付费							
4	软件本身不收费,咨询服务需额外付费							
5	将分析部分放在服务器上,付费后即可使用							
6	提供两个版本,一个复杂的价格贵,但可以使用全部功能;另一个只提供简单的功能,复杂功能付费后即可解锁							
7	小额每月支付替代一次性支付							

步骤3:分析准则与方案的匹配度。

对每个方案,逐一与所有评价准则进行匹配。例如:方案"将软件业务转移到独立销售软件的公司",对于"吸引消费者"这一评价准则而言,二者没有匹配,因此赋值为"-1";而对于"容易实现"这一评价准则而言,二者完全匹配,因此赋值为"1";以此类推,直到把所有的方案都完成匹配度分析(见表9.3)。

表9.3 多准则矩阵匹配度分析

序号		吸引消费者	容易实现	增加销售额	容易使用	不增加工作量	操作简单	总分
	权重	0.5	0.3	0.5	0.4	0.2	0.4	
1	将软件业务转移到独立销售软件的公司	-1	1	0	1	0	-1	
2	从设备中删除软件的分析部分,只有付费方能使用	-1	0	0	1	0	0	
3	链接嵌入式软件与服务器,如要使用服务需额外付费	1	-1	0	1	-1	0	
4	软件本身不收费,咨询服务需额外付费	0	-1	1	-1	-1	-1	

(续表)

序号		吸引消费者	容易实现	增加销售额	容易使用	不增加工作量	操作简单	总分
	权重	0.5	0.3	0.5	0.4	0.2	0.4	
5	将分析部分放在服务器上，付费后即可使用	0	1	0	1	1	1	
6	提供两个版本，一个复杂的价格贵，但可以使用全部功能；另一个只提供简单的功能，复杂功能付费后即可解锁	1	0	0	1	1	1	
7	小额每月支付替代一次性支付	1	1	0	1	1	1	

步骤4：计算每个方案的得分。

例如，方案"将软件业务转移到独立销售软件的公司"，其总分为：$0.5\times(-1)+0.3\times1+0.5\times0+0.4\times1+0.2\times0+0.4\times(-1)=-0.2$。

这样，上面几个方案的得分依次为：-0.2、-0.1、0.4、-0.8、1.3、1.5、1.8（见表9.4）。

表9.4 各方案得分

序号	方案	总分
1	将软件业务转移到独立销售软件的公司	-0.2
2	从设备中删除软件的分析部分，只有付费方能使用	-0.1
3	链接嵌入式软件与服务器，如要使用服务需额外付费	0.4
4	软件本身不收费，咨询服务需额外付费	-0.8
5	将分析部分放在服务器上，付费后即可使用	1.3
6	提供两个版本，一个复杂的价格贵，但可以使用全部功能；另一个只提供简单的功能，复杂功能付费后即可解锁	1.5
7	小额每月支付替代一次性支付	1.8

步骤5：方案排序。

对上述每个方案按照分数由高到低进行排序（见表9.5）。

表9.5 方案排序

序号	方案	总分
7	小额每月支付替代一次性支付	1.8
6	提供两个版本，一个复杂的价格贵，但可以使用全部功能；另一个只提供简单的功能，复杂功能付费后即可解锁	1.5

(续表)

序号	方案	总分
5	将分析部分放在服务器上,付费后即可使用	1.3
3	链接嵌入式软件与服务器,如要使用服务需额外付费	0.4
2	从设备中删除软件的分析部分,只有付费方能使用	-0.1
1	将软件业务转移到独立销售软件的公司	-0.2
4	软件本身不收费,咨询服务需额外付费	-0.8

这样,在不考虑其他因素的情况下,优先选择实施方案7:"小额每月支付替代一次性支付"。

9.3 基于TRIZ的方案评价

在TRIZ中,任何解决方案都是为了提高系统的理想度。因此,这里根据TRIZ理想度的概念提出了相应的方案评价准则。

(1)问题能够完全解决。

(2)问题中的冲突以双赢方式解决,没有事物变差。

(3)没有不良效果或缺陷。

(4)理想度最高。

(5)提供额外的好处。

这五个评价准则与多准则决策矩阵中的评价准则是不同的。多准则决策矩阵中的评价准则是针对特定问题而言的,每个问题的评价准则各不相同。但这里的五个准则是针对每个问题而言的,具有普遍性。

该方法的使用步骤与多准则决策矩阵类似,这里不再赘述。在该方法中,任何问题和方案都采用这五个准则。在定义权重和打分环节,无须对这五个准则定义权重,只需要填写"匹配"和"不匹配"即可,最后通过分析每个方案与准则的匹配数量,进而确定优先实施的方案。

这里仍然以"完成软件公司销售目标"解决方案为例,使用该方法进行评价。

【例】对"完成软件公司销售目标"解决方案的评价

由于篇幅所限,这里只介绍对其中两个方案的评价,实际上需要对所有方案采取同样的方法进行评价。通过主观评价法，确定每个方案与五个评价准则的匹配度，如表9.6所示。

表9.6 TRIZ 评价方案示例

序号	方案	问题能够完全解决	冲突以"双赢"方式解决	没有不良效果或缺陷	理想度最高	提供额外的好处	总体匹配度
7	小额每月支付替代一次性支付	是	是	是	否	否	3是2否
6	提供两个版本，一个复杂的价格贵，但可以使用全部功能；一个只提供简单的功能，复杂功能付费后即可解锁	是	是	是	是	否	4是1否

针对方案7"小额每月支付替代一次性支付"可以发现：使用该解决方案，问题能够完全解决，冲突也是以双赢的方式解决的，也没有不良效果或缺陷。但因为仍然需要付费，支出并没有减少，因此理想度并未提高，也没有带来额外的好处。因此，该方案能够满足上述5个准则中的3个。

而针对方案6"提供两个版本，一个复杂的价格贵，但可以使用全部功能；另一个只提供简单的功能，复杂功能付费后即可解锁"，理想度显著提高。如果客户不需要复杂的功能，只使用简单的功能，则客户可以支付很低的价格甚至免费使用。按照同样的分析方法，该方案能满足上述5个准则中的4个。

因此，在不考虑其他因素的情况下，仅从该方法的结论看，方案6和方案7比较，应选择方案6作为优先实施方案。

第 10 章 专利相关知识

10.1 专利检索与挖掘

10.1.1 知识产权概述

10.1.1.1 知识产权的定义

知识产权是指人们就其智力劳动成果所依法享有的专有权利,通常是国家赋予创造者对其智力成果在一定时间期限内享有的专有权或独占权,有专利、商标、版权、软件著作权等类型(见图 10.1)。

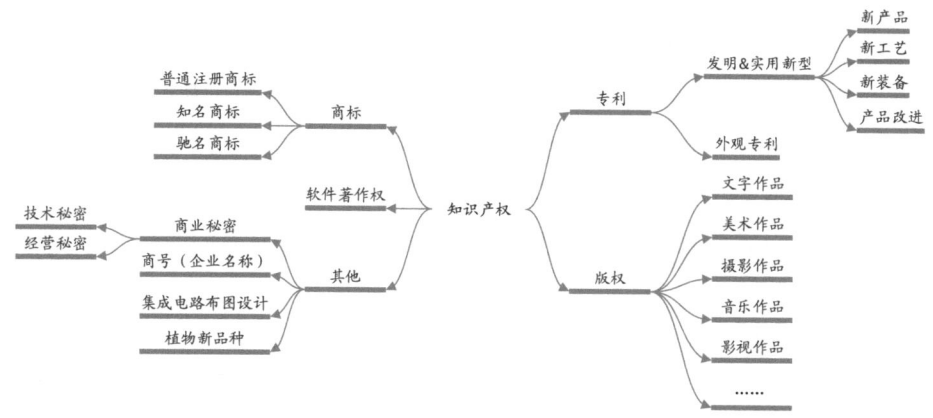

图 10.1 知识产权的种类

知识产权本质上是一种虚态化的专有财产权,具有明显的智力性劳动成果。它与房屋、家具等有形私有财物同属个人财产,受国家法律的保护,本身具有价值和使用价值两个属性。社会经济中,某些特大医药配方、重大工艺产品或配方、重大发明专利、国际商标或艺术作品的价值以百千万元甚至百千亿元计算。

专利是知识产权中的一个重要的组成部分,是受法律规范保护的发明创造。它是指一项发明创造向国家审批机关提出专利申请,经依法审查合格后向专利申请人授予的在规定的时间内对该项发明创造享有的专有权。

10.1.1.2 专利的分类

专利的种类在不同的国家或者地区中有不同规定,在《中华人民共和国专利法》(以下简称《专利法》)中规定有三类:发明专利、实用新型专利和外观设计专利。

1. 发明专利

《专利法》第二条对发明的定义是:"发明,是指对产品、方法或者其改进所提出的新的技术方案。"发明专利并不要求它是经过实践证明可以直接应用于工业生产的技术成果,它可以是一项解决技术问题的方案或是一种构思,具有在工业上应用的可能性;但这也不能将这种技术方案或构思与单纯地提出课题、设想相混同,因为单纯的课题、设想不具备工业上应用的可能性。

2. 实用新型专利

(1)《专利法》第二条对实用新型的定义是:"实用新型,是指对产品的形状、构造或者其结合所提出的适于实用的新的技术方案。"同发明专利一样,实用新型专利保护的也是一个技术方案。但实用新型专利保护的范围较窄,它只保护有一定形状或结构的新产品,不保护方法及没有固定形状的物质。实用新型的技术方案更注重实用性,其技术水平较发明而言要低一些。多数国家实用新型专利保护的都是比较简单的、改进性的技术发明,可以称为"小发明"。

(2)授予实用新型专利,不需经过实质审查,手续比较简单,费用较低。因此,关于日用品、机械、电器等方面的有形产品的小发明,比较适用于申请实用新型专利。

3. 外观设计专利

(1)《专利法》第二条对外观设计的定义是:"外观设计,是指对产品的整体或者局部的形状、图案或者其结合以及色彩与形状、图案的结合所作出的富有美感并适于工业应用的新设计。"《专利法》第二十三条对其授权条件进行了规定:"授予专利权的外观设计,应当不属于现有设计;也没有任何单位或者个人就同样的外观设计在申请日以前向国务院专利行政部门提出过申请,并记载在申请日以后公告的专利文件中。""授予专利权的外观设计与现有设计或者现有设计特征的组合相比,应当具有明显区别。""授予专利权的外观设计不得与他人在申请日以前已经取得的合法权利相冲突。"

(2)外观设计专利与发明专利、实用新型专利有着明显的区别。外观设计注重的是设计人对一项产品的外观所作出的富于艺术性、具有美感的创造,但这种具有艺术性的创造,不是单纯的工艺品,它必须具有能够为产业应用的实用性。外观设计专利实质上是保护美术思想的,而发明专利和实用新型专利保护的是技术思想。虽然外观设计和实用新型与产品的形状有关,但两者的目的却不相同。前者的目的在于使产品形状产生美感,而后者的目的在于使具有形态的产品能够解决某一技术问题。例如:一把雨伞,若它的形状、图案、色彩相当美观,那么应申请外观设计专利;如果雨伞的伞柄、伞骨、伞头结构设计精简合理,可以节省材料又耐用,那么应申请实用新型专利。

(3)外观设计专利的保护对象是产品的装饰性或艺术性外表设计,这种设计可以是平面图案,也可以是立体造型,更常见的是这二者的结合。

10.1.1.3 专利的特征

专利是无形财产权的一种,与有形财产相比,具有以下主要特征。

(1)独占性

所谓独占性,亦称垄断性或专有性专利权,是由政府主管部门根据发明人或申请人的申请,认为其发明成果符合《专利法》规定的条件,而授予申请人或其合法受让人的一种专有权。它专属权利人所有,专利权人对其权利的客体(发明创造)享有占有、使用、收益和处分的权利。

(2)公开性

所谓专利权的公开性,是指除部分国防专利或者请求并审批不公开的专利外,其他专利都必须公开,是以公开技术作为换取外界对申请者专有权的承认。只有公开申请的内容,法律才能判断是否构成侵权。

（3）时间性

所谓专利权的时间性，即指专利权具有一定的时间限制，也就是法律规定的保护期限。各国的专利法对于专利权的有效保护期均有各自的规定，而且计算保护期限的起始时间也各不相同。《专利法》第四十二条规定："发明专利权的期限为二十年，实用新型专利权的期限为十年，外观设计专利权的期限为十五年，均自申请日起计算。"

（4）地域性

所谓地域性，就是对专利权的空间限制。它是指一个国家或一个地区所授予和保护的专利权仅在该国或地区的范围内有效，在其他国家和地区不发生法律效力，其专利权是不被确认与保护的。如果专利权人希望在其他国家享有专利权，那么，必须依照其他国家的法律另行提出专利申请。除非加入国际条约及双边协定另有规定之外，任何国家都不承认其他国家或者国际性知识产权机构所授予的专利权。

10.2 专利申请与保护

10.2.1 专利的申报程序

专利申请是获得专利权的必须程序。专利权的获得，要由申请人向国家专利机关提出申请，经国家专利机关批准并颁发证书。申请人在向国家专利机关提出专利申请时，还应提交一系列申请文件，如请求书、说明书、摘要和权利要求书等。在专利的申请方面，世界各国专利法的规定基本一致。申请人或发明人可以自己申请或者找代理事务所申请。

依据专利法，发明专利申请的审批程序包括受理、初审、公布、实审以及授权五个阶段。实用新型或者外观设计专利申请在审批中不进行早期公布和实质审查，只有受理、初审和授权三个阶段。如图 10.2 所示为我国专利申请审查的程序。

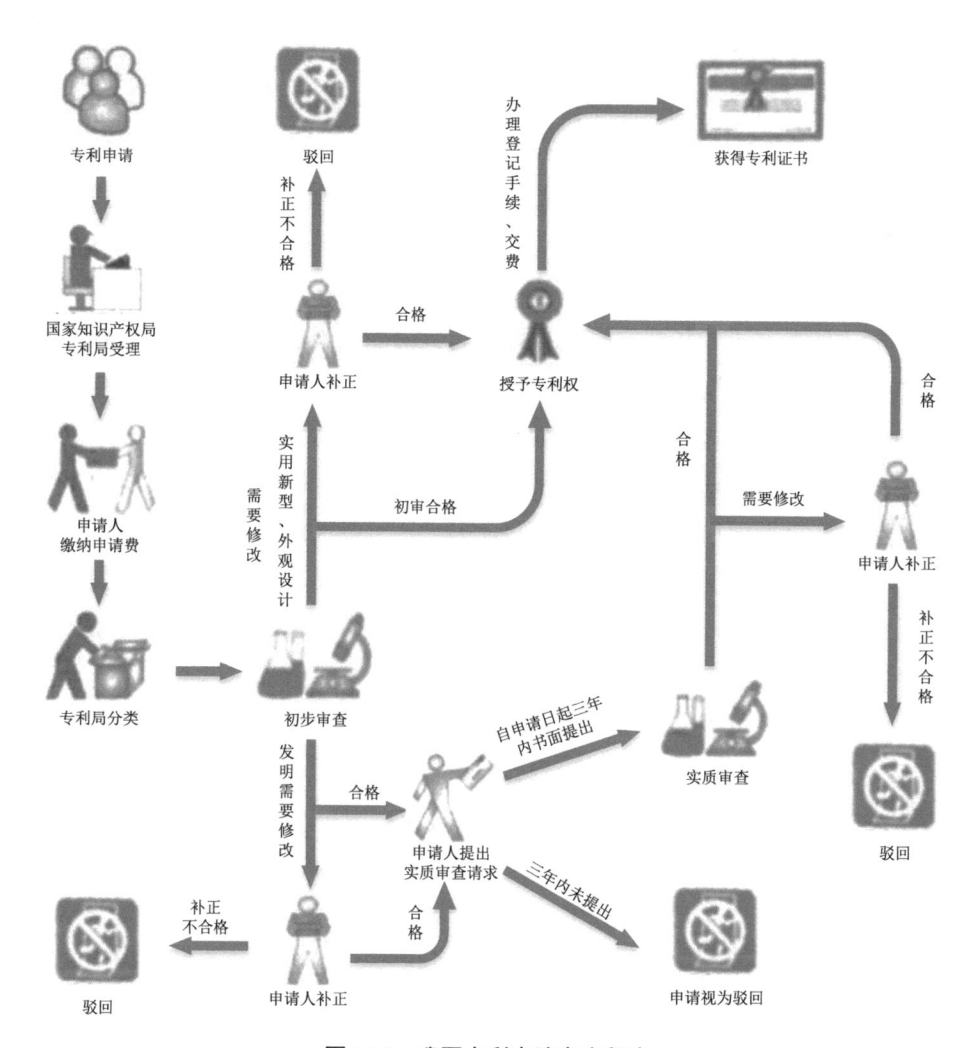

图 10.2 我国专利申请审查程序

10.2.2 专利申请书格式与内容简介

专利申请文件是个人或单位为申请取得专利权向国家知识产权局专利局提交的一系列文件的总称。申请发明专利、实用新型专利和外观设计专利这三种专利需提交的文件略有不同。

申请发明专利的，申请文件应当包括发明专利请求书、摘要、摘要附图、说明书、权利要求书、说明书附图（需要时），各一式两份。

涉及氨基酸或者核苷酸序列的发明专利申请，说明书中应包括该序列表，把该序列表作为说明书的一个单独部分提交上去，并与说明书连续编写页码，同时还应提交符合国家知识产权局规定的记载有该序列表的光盘或软盘。

申请实用新型专利的，申请文件与发明专利相似，包括实用新型专利请求书、摘要、摘要附图（适用时）、说明书、权利要求书、说明书附图（需要时），各一式两份。

申请外观设计专利的，申请文件应当包括外观设计专利请求书、图片或者照片（要求保护色彩的，应当提交彩色图片或者照片），以及对该外观设计的简要说明，各一式两份。提交图片的，两份均应为图片；提交照片的，两份均应为照片；不得将图片或照片混用。

在专利审批授权后，会发放专利证书，还可以通过国家知识产权局网站查询专利的详细说明书，并依照专利权利要求书申请保护的内容，对专利侵权进行判定。专利的详细信息由以下几部分组成。

10.2.2.1　专利著录信息

专利信息首页为专利著录信息，包括专利的基本信息与摘要，如图10.3所示。专利基本信息中包括申请号、申请日、申请人、发明人等与专利所有人相关的信息。在国家知识产权局专利局接受申请后，给申请人发放申请号，专利后续审批与授权均以申请号为准。专利获批后的保护起始日期为接受申请的申请日。申请人是专利所有权人，可以是企业或个人。发明人是创造出专利的工作者。摘要用简要文字来解释专利的内容与保护内容，可以配有必要的摘要附图辅助说明。

10.2.2.2　权利要求书

权利要求书是专利要求保护的独有内容。权利要求书中要明确申请保护内容的特征。权利要求1为专利的独立权利要求，也就是要保护的最重要的内容，其他权利要求为从属权利要求。权利要求书有基本的书写格式，对于独立权利要求，其格式为"一种专利主题名称，其特征在于……"；对于从属权利要求，其格式为"根据权利要求1所述的专利主题名称，其特征在于……"。

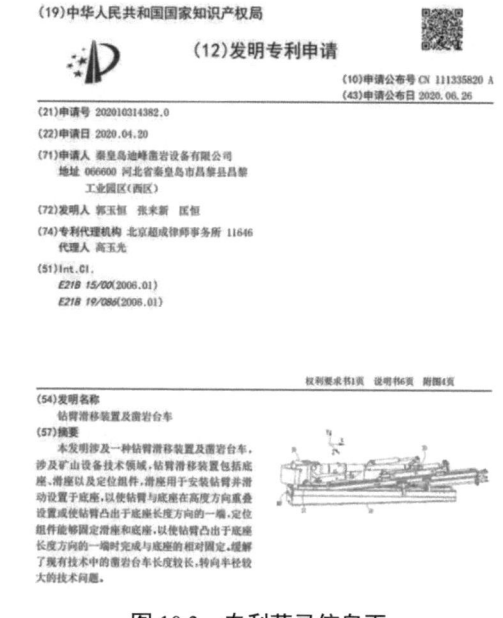

图 10.3　专利著录信息页

10.2.2.3　说明书及说明书附图

说明书是专利的内容与实施过程，由技术领域、背景技术、发明内容、附图说明和具体实施方式几部分组成。说明书附图中，使用图片辅助解释发明内容。

技术领域是指专利预期实施的工程领域。背景技术指在专利实施之前，现有技术的应用情况。发明内容将发明的内容进行解释，可以附图说明，但要求在说明书之后附图。发明内容中要明确发明对原系统的有益效果。当有附图时，可通过附图说明将文字内容与附图进行对应和简介。具体实施方式是通过实施案例来解释发明的内容，保证发明可实施。

10.2.3　专利侵权的判定

专利是法律赋予发明人的一种合法权利，保护其发明的利益不受侵害。其他仿效者很容易侵犯发明人的权利，掌握侵权的判断原则，了解侵权判定的法规与逻辑，可为进行专利的规避设计提供宏观指导。专利侵权的判定原则主要包括全面覆盖原则、等同原则、禁止反悔原则、多余指定原则、逆等同原则。下面利用 A、B、C、D……代表专利当中的技术特征进行说明。

10.2.3.1 全面覆盖原则

全面覆盖指被控侵权物（产品或方法）将专利权利要求中记载的技术方案的必要技术特征全部再现，被控侵权物（产品或方法）与专利独立权利要求中记载的全部必要技术特征一一对应并且相同。全面覆盖原则，即全部技术特征覆盖原则或字面侵权原则，包括字面侵权与从属侵权。

（1）字面侵权即被控侵权对象完全对应等同于专利权利要求中的全部必要技术特征，虽然文字表达有所变化，但无任何实质性的修改、添加和删减（见图10.4）。

（2）从属侵权即被控侵权对象除了包含专利的全部必要技术特征之外，又添加了其他技术特征（见图10.5）。

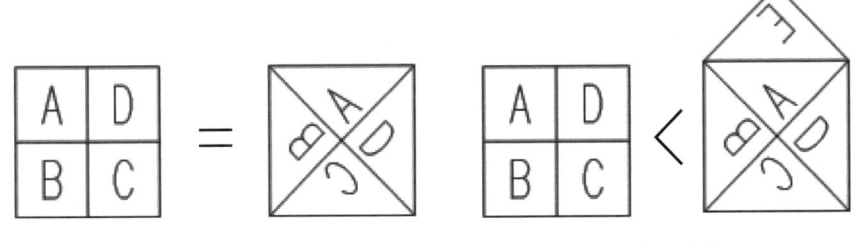

图 10.4　字面侵权图示　　　　图 10.5　从属侵权图示

10.2.3.2 等同原则

等同原则是指被控侵权物（产品或方法）中有一个或者一个以上技术特征经与专利独立权利要求保护的技术特征相比，从字面上看不相同，但经过分析可以认定两者是相等同的技术特征。在这种情况下，应当认定被控侵权物（产品或方法）落入了专利权的保护范围。在专利侵权判定中，当适用全面覆盖原则判定被控侵权物（产品或方法）不构成侵犯专利权的情况下，才适用等同原则进行侵权判定（见图10.6）。

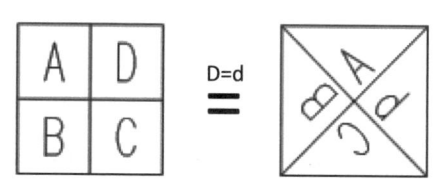

图 10.6　等同原则图示

等同特征又称为等同物，被控侵权物（产品或方法）同时满足以下两个条件的技术特征时，可以认定为专利权利要求中相应技术特征的等同物。

（1）被控侵权物中的技术特征与专利权利要求中的相应技术特征相比，以基本相同的手段实现基本相同的功能，产生了基本相同的效果。

（2）对该专利所属领域普通技术人员来说，通过阅读专利权利要求和说明书，无须经过创造性劳动就能够联想到的技术特征。

10.2.3.3　禁止反悔原则

禁止反悔原则是指在专利审批、撤销或无效程序中，专利权人为确定其专利具备新颖性和创造性，通过书面声明或者修改专利文件的方式，对专利权利要求的保护范围作了限制承诺或者部分放弃了保护，并因此获得了专利权；而在专利侵权诉讼中，法院遵循等同原则确定专利权的保护范围时，应当禁止专利权人将已被限制、排除或者已经放弃的内容重新纳入专利权保护范围。当等同原则与禁止反悔原则在适用上发生冲突时，即原告主张适用等同原则判定被告侵犯其专利权，而被告主张适用禁止反悔原则判定自己不构成侵犯专利权的情况下，应当优先适用禁止反悔原则（见图10.7）。

图 10.7　禁止反悔原则图示

图 10.7 右端被控对象采用了左端专利技术在申请阶段放弃的部分技术特

征 E 来实现了技术要求，因此适用于禁止反悔原则，不构成专利侵权。

10.2.3.4 多余指定原则

多余指定原则是指在专利侵权判定中，在解释专利独立权利要求和确定专利权保护范围时，将记载在专利独立权利要求中的明显附加技术特征（即多余特征）略去，仅以专利独立权利要求中的必要技术特征来确定专利权保护范围，判定被控侵权物（产品或方法）是否覆盖专利权保护范围的原则。这个原则实际上不是一个判断上的标准，而只是在判断前确定专利保护范围的一个准则而已（见图10.8）。随着2009年最高人民法院审判委员会发布《关于审理侵犯专利权纠纷案件应用法律若干问题的解释》，明文确立了"全部技术特征原则"（即"全面覆盖原则"），由此宣告了"多余指定原则"在实践上的终结。

图 10.8　多余指定原则图示

当附加技术特征 D 被"指定"为"多余的技术特征"时，专利保护范围为 A+B+C。

侵权判定时存在以下两种情况。

（1）若被控对象包含此多余技术特征（D=H）时，构成专利侵权。

（2）若被控对象不包含此多余技术特征时，属于该专利的从属专利，同样构成从属专利侵权。

10.2.3.5 逆等同原则

当被控侵权物完全落入全面覆盖中的字面侵权时，或满足申请专利范围的所有限制条件，但其技术特征的手段、功能或结果截然不同，则尽管落入字面侵权，但不涉及侵权（见图10.9）。从侵权判定的角度而言，逆等同原则是被告针对相同侵权指控的一种抗辩手段。

```
┌─┬─┐     ┌─┬─┐
│A│D│     │E│H│
├─┼─┤  ≠  ├─┼─┤
│B│C│     │F│G│
└─┴─┘     └─┴─┘
```

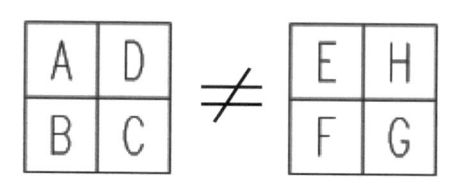

图 10.9　逆等同原则图示

10.2.4　专利侵权的判定流程

法律侵权判断原则优先适用全面覆盖原则，如果技术方案涵盖了原专利权利要求所记载的全部技术特征，则应用逆等同原则进行判断。如果不同，则不侵权；如果相同，则为侵权。如未涵盖全部技术特征，则适用等同原则，判断两者的区别技术特征是否在特征、功能和效果三方面实质相等同。若特征实质等同，则适用禁止反悔原则，判断是否该等同技术特征已经贡献给社会公众，成为现有技术。专利侵权判断流程如图 10.10 所示。

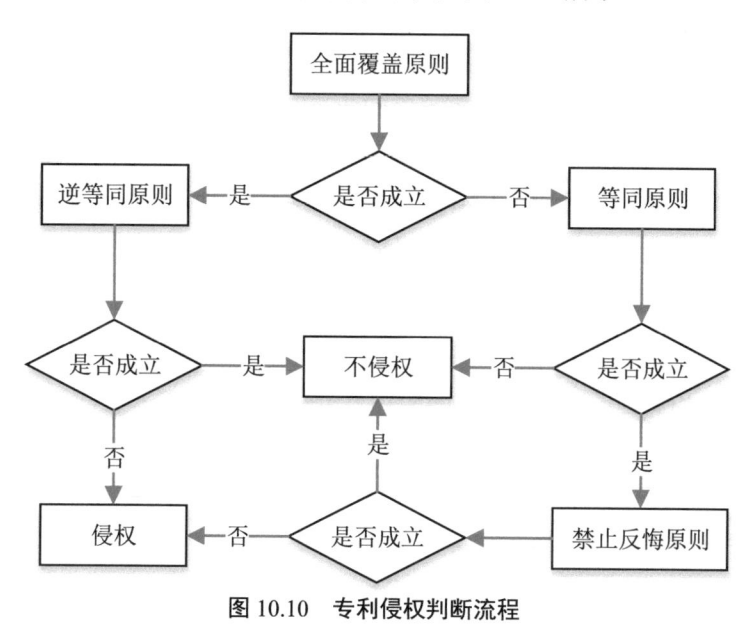

图 10.10　专利侵权判断流程

10.3 应用 TRIZ 进行专利规避与布局

10.3.1 专利规避的原则

专利规避最初的目的是从法律的角度来绕开某项专利的保护范围，以避免专利权人进行侵权诉讼。专利规避是企业进行市场竞争的合法行为。首先对专利规避设计的实施方法作出回应的是法律学者，随着其对专利纠纷案件的不断积累，总结与归纳出了相应的组件规避原则，其主要是从删除、替换、更改以及语义描述的变化等方面进行专利规避。

实际应用中，专利规避设计可遵循以下三点原则。

（1）减少组件数量以避免侵犯全面覆盖原则。

（2）使用替代的方法使被告主体不同于权利要求中指出的技术，以防止字面侵权。

（3）从方法、功能、结果上对构成要件进行实质性改变，以避免侵犯等同原则。

专利规避设计原则是从侵权判断的角度进行分析，根据权利要求书分析专利的必要技术特征，对其进行删减和替代，以减少侵权的可能性。专利规避设计原则是宏观层面上的指导方针，对设计人员来说，需要具体可以实施的过程来详细指导如何在现有专利技术基础上进行重组和替代，开发出新的技术方案，绕开现有专利的保护范围。功能裁剪作为有效的分析工具能够指导设计人员进行技术分析，并结合专利规避设计原则选择合理的技术进行删除或替代，从根本上突破现有专利的技术垄断。

10.3.2 专利规避设计方法

1. 专利规避设计的基本要求

专利规避重点在于利用不同的结构或技术方案来达成相同的功能。可以巧妙利用原有专利的遗漏点进行创新设计。一般来说，一个成功的专利规避设计需要满足如下两个基本条件。

（1）在专利侵权判定中不会被判侵权，这是专利规避设计最下限的要求，也是法律层面最基本的要求。

（2）确保规避设计的成果具备商业竞争力，满足获利要求。不是为了规避而规避，必须考虑避免因成本过高而导致产品失去竞争力和利润空间的问题，这个是商业层面上的要求。

2. 专利规避设计的预期效果

作好专利规避设计会达到以下预期效果。

（1）使产品更具竞争力，强化原有产品的优点，改良缺点。

（2）可能产生一项或多项新的技术专利。

（3）可能避免被判恶意侵权。

3. 专利规避设计的常用方法

专利规避设计需要结合专利人员、技术人员以及市场人员等各方力量，才可能更富有成效。这里对于专利人员的要求较高，需要有扎实的专利法律知识功底和专利实务操作经验，对技术、产品的原理非常熟悉，对产业和市场比较敏感。

具体来讲，可从以下几方面进行专利规避设计。

（1）借鉴专利文件中技术问题的规避设计。通过专利文件解析新产品的技术方案解决技术问题，重新设计得到完全不同于专利中的技术方案，则不存在侵权的问题。但是，"另起炉灶"的研发成本可能会较高，研发周期也相对较长。专利文件仅起到提示竞争者创新的作用，竞争者对其利用程度不高。

（2）借鉴专利文件中背景技术的规避设计。专利文件的背景技术部分往往会描述一种或多种相关现有技术，并指出它们的不足之处；审查员也会指出最接近的现有技术，有些国家的专利文件中还会指出与该专利相互引证的专利文献。

因此，借助于与该专利相近的技术文献，完全有可能通过对现有技术以及其他专利技术的改进，组合形成新的技术方案来规避该专利。这种规避设计方法利用了专利文件的信息，在此基础上创造出了不侵犯该专利权的规避设计方案，但在此过程中要注意避免对其他涉及的专利构成侵权。

（3）借鉴专利文件中发明内容和具体实施方案的规避设计。专利的保护范围以权利要求为准，其具体实施方案中可能提供了多种变形和技术方案，其发明内容部分可能揭示了完成本发明的技术原理、理论基础或发明思路。然而其权利要求却未必能精准地概括上述这些具体的实施方案，其技术原理、理论基础或发明思路也未必对应其权利要求中的技术方案。

通过上下两个方面进行突破：一方面，寻找权利要求的概括疏漏，找出可以实现发明目的却未在权利要求中加以概括保护的实施例或相应变形；另一方面，可以通过应用发明内容中提到的技术原理、理论基础或发明思路，创造出不同于权利要求保护的技术方案。

（4）根据禁止反悔原则借鉴专利审查相关文件的规避设计。专利权人不得在诉讼中对其答复审查意见过程中所作的限制性解释和放弃的部分反悔，而这些很有可能就是可以实现发明目的但又排除在保护范围之外的技术方案，所以如果能获得这样的信息，规避设计就事半功倍了。

（5）借鉴专利权利要求的规避设计。采用与专利相近的技术方案，而缺省至少一个技术特征，或至少有一个必要技术特征与权利要求不同。这里的权利要求也应当理解为字面及其等同解释。这是最常见的规避设计，也是最与专利保护范围接近的规避设计。这种方法技术上的难度相对较大，同时也应当把握好规避设计下限的度的问题。关键点在于找出权利要求中各技术特征的最易缺省或替代的技术特征，也就是突破口，这需要有丰富的技术设计经验。

10.3.3 基于 TRIZ 的专利规避设计

TRIZ 来源于对大量高水平专利的分析与总结，因此，TRIZ 同样适用于对专利的分析，对于专利的规避设计也有一定的启发作用。基于 TRIZ 的专利规避设计是以 TRIZ 作为有效指导的。应用 TRIZ 对现有专利技术进行"模仿"，在充分分析现有技术的优势和创新点的基础上，引进其有利于发展自有技术的因素，通过技术创新进行消化吸收并融入新技术中，从而开发出更具有创新性的新技术来规避现有专利的技术垄断。

基于 TRIZ 的专利规避设计流程可以分为以下几个阶段。

（1）专利检索与目标专利确定。通过设置主要竞争对手的专利检索背景表来精准地确定专利数据的检索范围，找到主流技术的最相关专利文献。通过专利检索，往往会得到多个相关的专利，需要对这些专利进行分析从而确定规避的目标专利。常用的专利分析方法有专利生命周期分析法、技术/功效矩阵法、专利地图等。选择时可以从功能-技术发展的角度进行筛选归类，从而确定代表该领域核心技术的专利，即需要规避的目标专利。

（2）目标专利保护范围分析。通过分析目标专利的权利要求，确定必要技术特征和附加的技术特征，进而分析专利文献中的技术元件的功能、方法及结果，以了解各关键技术特征实现功能的手段。

（3）专利规避原则的选择。根据前面介绍的三种专利规避设计原则，选择其中合适的原则进行专利规避。

（4）基于TRIZ的专利规避设计。通过以上分析确定了需要规避的专利技术特征或关键功能元件，可以采用TRIZ中的冲突解决原理、物质-场分析、功能裁剪、技术系统进化及效应等工具对专利进行规避设计。如果规避后产生了新问题，将这些问题转化为TRIZ问题，再利用TRIZ解决问题并产生创新方案。

（5）专利侵权判定。根据专利侵权判定原则对规避设计后形成的新产品进行专利侵权判定，以保证规避方案不侵权。若侵权，则应再一次拟定规避策略，进行创新设计，直到符合设计要求并且不侵权为止。也可以将规避设计成功的新方案申请专利。

附录　功能与科学效应和现象对应表

功能代码	实现的功能	TRIZ 推荐的科学效应和现象	科学效应和现象序号
F1	测量温度	热膨胀	E75
		热双金属片	E76
		珀耳帖效应	E67
		汤姆逊效应	E80
		热电现象	E71
		热电子发射	E72
		热辐射	E73
		电阻	E33
		热敏性物质	E74
		居里效应（居里点）	E60
		巴克豪森效应	E3
		霍普金森效应	E55
F2	降低温度	一级相变	E94
		二级相变	E36
		焦耳-汤姆逊效应	E58
		珀耳帖效应	E67
		汤姆逊效应	E80
		热电现象	E71
		热电子发射	E72
F3	提高温度	电磁感应	E24
		电介质	E26
		焦耳-楞次定律	E57
		放电	E42
		电弧	E25

（续表）

功能代码	实现的功能	TRIZ 推荐的科学效应和现象		科学效应和现象序号
F3	提高温度	吸收		E84
		发射聚焦		E39
		热辐射		E73
		珀耳帖效应		E67
		热电子发射		En
		汤姆逊效应		E80
		热电现象		E71
F4	稳定温度	一级相变		E94
		二级相变		E36
		居里效应（居里点）		E60
F5	探测物体的位移和运动	引入易探测的标识	标记物	E6
			发光	E37
			发光体	E38
			磁性材料	E16
			永久磁铁	E95
		反射和发射线	反射	E41
			发光体	E38
			感光材料	E45
			光谱	E50
			放射现象	E43
		形变	弹性变形	E85
			塑性变形	E78
		改变电场和磁场	电场	E22
			磁场	E13
		放电	电晕放电	E31
			电弧	E25
			火花放电	E53
F6	控制物体位移	磁力		E15
		电子力	安培力	E2
			洛伦兹力	E64
		压强	液体或气体的压力	E91
			液体或气体的压强	E93
		浮力		E44

(续表)

功能代码	实现的功能	TRIZ 推荐的科学效应和现象	科学效应和现象序号
F6	控制物体位移	液体动力	E92
		振动	E98
		惯性力	E49
		热膨胀	E75
		热双金属片	E76
F7	控制液体及气体的运动	毛细现象	E65
		渗透	E77
		电泳现象	E30
		Thoms 效应	E79
		伯努利定律	E10
		惯性力	E49
		韦森堡效应	E81
F8	控制浮质（气体中的悬浮微粒，如烟、雾等）的流动	起电	E68
		电场	E22
		磁场	E13
F9	搅拌混合物，形成溶液	弹性波	E19
		共振	E47
		驻波	E99
		振动	E98
		气穴现象	E69
		扩散	E62
		电场	E22
		磁场	E13
		电泳现象	E30
F10	分解混合物	在电的或磁场中分离电场	E22
		磁场	E13
		磁性液体	E17
		惯性力	E49
		吸附作用	E83
		扩散	E62
		渗透	E77
		电泳现象	E30

(续表)

功能代码	实现的功能	TRIZ 推荐的科学效应和现象		科学效应和现象序号
F11	稳定物体位置	电场		E22
		磁场		E13
		磁性液体		E17
F12	产生/控制力,形成高的压力	磁力		E15
		一级相变		E94
		二级相变		E36
		热膨胀		E75
		惯性力		E49
		磁性液体		E17
		爆炸		E5
		电液压冲压,电水压震扰		E29
		渗透		E77
F13	控制摩擦力	约翰逊-拉别克效应		E96
		振动		E98
		低摩阻		E21
		金属覆层滑润剂		E59
F14	解体物体	放电	火花放电	E53
			电晕放电	E31
			电弧	E25
		电液压冲压,电水压震扰		E29
		弹性波		E19
		共振		E47
		驻波		E99
		振动		E98
		气穴现象		E69
F15	积蓄机械能与热能	弹性变形		E85
		惯性力		E49
		一级相变		E94
		一级相变		E36
F16	传递能量	对于机械能	形变	E85
			弹性波	E19
			共振	E47
			驻波	E99

（续表）

功能代码	实现的功能	TRIZ 推荐的科学效应和现象		科学效应和现象序号
F16	传递能量	对于机械能	振动	E98
			爆炸	E5
			电液压冲压，电水压震扰	E29
		对于热能	热电子发射	E72
			对流	E34
			金热传导	E70
		对于辐射	反射	E41
		对于电能	电磁感应	E24
			超导性	E12
F17	建立移动的物体和固定的物体之间的交互作用	电磁场		E23
		电磁感应		E24
F18	测量物体的尺寸	标记	起电	E68
			发光	E37
			发光体	E38
		磁性材料		E16
		永久磁铁		E95
		共振		E47
F19	改变物体尺寸	热膨胀		E75
		形状记忆合金		E87
		形变		E85
		压电效应		E89
		磁弹性		E14
		压磁效应		E88
F20	检查表面状态和性质	放电	电晕放电	E31
			电弧	E25
			火花放电	E53
		反射		E41
		发光体		E38
		感光材料		E45
		光谱		E50
		放射现象		E43

（续表）

功能代码	实现的功能	TRIZ 推荐的科学效应和现象		科学效应和现象序号
F21	改变表面性质	摩擦力		E66
		吸附作用		E83
		扩散		E62
		包辛格效应		E4
		放电	电晕放电	E31
			电弧	E25
			火花放电	E53
		弹性波		E19
		共振		E47
		驻波		E99
		振动		E98
		光谱		E50
F22	检查物体容量的状态和特征	引入容易探测的标志	标记物	E6
			发光	E37
			发光体	E38
			磁性材料	E16
			永久磁铁	E95
		测量电阻值	电阻	E33
		反射和放射线	反射	E41
			折射	E97
			发光体	E38
			感光材料	E45
			光谱	E50
			放射现象	E43
			X 射线	E1
		电-磁-光现象	电-光和磁-光现象	E27
			固体（场致、电致）发光	E48
			居里效应（居里点）	E60
			巴克豪森效应	E3
			霍普金森效应	E55
			共振	E47
			霍尔效应	E54

（续表）

功能代码	实现的功能	TRIZ 推荐的科学效应和现象	科学效应和现象序号
F23	改变物体空间性质	磁性液体	E17
		磁性材料	E16
		永久磁铁	E95
		冷却	E63
		加热	E56
		一级相变	E94
		二级相变	E36
		电离	E28
		光谱	E50
		放射现象	E43
		X 射线	El
		形变	E85
		扩散	E62
		电场	E22
		磁场	E13
		珀耳帖效应	E67
		热电现象	E71
		包辛格效应	E4
		汤姆逊效应	E80
		热电子发射	E72
		居里效应（居里点）	E60
		固体的（场致、电致）发光	E48
		电－光和磁－光现象	E27
		气穴现象	E69
		光生伏特效应	E51
F24	形成要求的结构，稳定物体结构	弹性波	E19
		共振	E47
		驻波	E99
		振动	E98
		磁场	E13
		一级相变	E94
		二级相变	E36
		气穴现象	E69

(续表)

功能代码	实现的功能	TRIZ 推荐的科学效应和现象		科学效应和现象序号
F25	探视电场和磁场	渗透		E77
		带电放电	电晕放电	E31
			电弧	E25
			火花放电	E53
		压电效应		E89
		磁弹性		E14
		压磁效应		E88
		驻极体，电介体		E100
		固体（场致、电致）发光		E48
		电-光和磁-光现象		E27
		巴克豪森效应		E3
		霍普金森效应		E55
		霍尔效应		E54
F26	探测辐射	热膨胀		E75
		热双金属片		E76
		发光体		E38
		感光材料		E45
		光谱		E50
		放射现象		E43
		反射		E41
		光生伏特效应		E51
F27	产生辐射	放电	电晕放电	E31
			电弧	E25
			火花放电	E53
		发光		E37
		发光体		E38
		固体（场致、电致）发光		E48
		电-光和磁-光现象		E27
		耿氏效应		E46
F28	控制电磁场	电阻		E33
		磁性材料		E16
		反射		E41
		形状		E86

（续表）

功能代码	实现的功能	TRIZ 推荐的科学效应和现象	科学效应和现象序号
F28	控制电磁场	表面	E7
		表面粗糙度	E8
F29	控制光	反射	E41
		折射	E97
		吸收	E84
		发射聚焦	E39
		固体（场致、电致）发光	E48
		电-光和磁-光现象	E27
		法拉第效应	E40
		克尔现象	E61
		耿氏效应	E46
F30	产生及加强化学变化	弹性波	E19
		共振	E47
		驻波	E99
		振动	E98
		气穴现象	E69
		光谱	E50
		放射现象	E43
		X 射线	E1
		放电	E42
		电晕放电	E31
		电弧	E25
		火花放电	E53
		爆炸	E5
		电液压冲压，电水压震扰	E29